模具修复和强化实用技术

汪瑞军 马小斌 徐林 编著

化学工业出版社

·北京·

内 容 简 介

本书立足实用、取材于生产实践，在介绍模具失效、修复和强化特点，模具修复和强化所用材料与方法的基础之上，详细讲解了冷作模具、热作模具、塑料模具、玻璃模具和简易模具的修复和强化的原理、工艺和方法，以及模具质量检验。本书作者长期在一线从事模具修复与再制造技术实践，对国内外各种模具的修复有着丰富的实操经验，深度掌握国内外模具材料与修复技术，为众多企业解决了大量难题和生产应急问题，也积累了宝贵的经验和技术。

本书适合模具行业的工程技术人员学习参考，也可供本科、高职高专院校材料成型与控制工程专业学生作为教材使用。

图书在版编目（CIP）数据

模具修复和强化实用技术/汪瑞军，马小斌，徐林编著.—北京：化学工业出版社，2021.10（2023.6重印）
ISBN 978-7-122-39635-8

Ⅰ.①模… Ⅱ.①汪… ②马… ③徐… Ⅲ.①模具-实用技术 Ⅳ.①TG76

中国版本图书馆CIP数据核字（2021）第149340号

责任编辑：王　烨　　　　文字编辑：吴开亮
责任校对：李雨晴　　　　装帧设计：刘丽华

出版发行：化学工业出版社（北京市东城区青年湖南街13号　邮政编码100011）
印　　装：北京科印技术咨询服务有限公司数码印刷分部
787mm×1092mm　1/16　印张10　字数179千字　2023年6月北京第1版第3次印刷

购书咨询：010-64518888　　　　售后服务：010-64518899
网　　址：http://www.cip.com.cn
凡购买本书，如有缺损质量问题，本社销售中心负责调换。

定　　价：68.00元　

序

在现代化工业生产中，模具作为重要的材料精密成型工具，已经成为工业发展的基础，素有工业之母之称。最近几十年，我国的模具产业发展迅速，数据显示：2020年我国模具行业规模以上企业销售收入达到2800多亿元，应用遍布航空航天、汽车、机械、电气、IT与AI设备等诸多领域。而作为模具工业重要组成部分的模具修复与强化技术更是高速发展，已经成为高品质模具的重要支撑与下游产品质量和生产效率的保障。

模具的工作环境复杂，在载荷、高温、摩擦、物料等多种因素耦合作用下，容易发生磨损、腐蚀、变形、疲劳、断裂等现象而失效，影响产品质量、生产效率，甚至停工停产，造成经济损失。定制新模具不但要耗费大量资金，还需要等待较长时间。相比之下，修复模具的成本远低于定制新模具，而且时间短。因此，修复无疑是合理且必要的选择。此外，在模具制造中的试模、修模以及由于错误加工和其他原因导致的模具损坏或偏离设计目标等，也需要进行修复。通过修复、强化和再制造，延长模具的使用寿命，恢复和提高模具使用的可靠性、安全性，对于节材降耗、实现循环再利用，践行可持续发展战略都具有重大的现实意义。

模具修复就是要恢复其设计功能，涉及修复材料的选择，组织和性能的控制；涵盖机械、冶金、焊接、热处理、表面工程、检验测试等学科专业。作为修复手段，涉及堆焊、热喷涂以及其他多种表面改性技术，还涉及电加工技术、检测与测量技术及仿真等现代先进数字技术。现场的操作人员要全面了解这些专业知识是困难的，需要由专业技术人员依据专业理论和实践经验及试验数据，制定现场维修人员能够依据和参考的修复指南，供施工人员参考使用，本书正是满足了这种需求。

本书的三位编者长期在一线从事模具修复与再制造技术实践，对国内外各种模具的修复有着丰富的实操经验，其所在单位与多家国内外知名企业、大学和科研院所有过长期业务合作和技术交流，深度掌握国内外模具材料知识与修复技术，多年来修复过数量巨大的模具，为众多企业解决了大量难题和生产应急问题，在此过程中也积累了宝贵的经验和技术。此次将其汇聚出版，这不仅是技术成果与经验的汇集，也是一本模具修复实操技术的指南，还可以作为模具维修与再制造继续教育的培训教材。希望本书对从事模具维修以及模具设计、制造、使用的技术与管理人员有所启示，特别是对提高现场维修人员的专业技能和青年技术人员的科学素养有所帮助，对于培养大国工匠和维修再制造工程师有所裨益。

关成君

2021.4.22 于北京

前言

在现代制造工业中，模具的设计与制造能力是衡量一个国家制造能力与水平的重要表征。经过多年努力，我国模具工业得到快速发展。20世纪90年代末，我国在大型、复杂、精密、高效和长寿命模具方面上了一个新台阶，其中CAD/CAM/CAE等技术得到广泛应用，快速经济制模技术在汽车行业得到应用，优质模具钢的应用提高了模具寿命。相比之下，我国在模具表面强化和修复工艺技术方面的发展缓慢，当模具发生严重磨损、加工超差、热处理裂纹、龟裂、断裂等问题时，大多采用废弃的办法，浪费极大。尤其是对于使用进口大型模具的企业造成的浪费巨大。先进的模具表面强化与修复技术不仅可以解决以上问题，还可以延长原模具的使用寿命，给企业和社会带来可观的经济效益和巨大的社会效益，这也是编写本书的初衷。

我们自1991年开始学习国外先进模具表面强化及补焊修复技术，在近20年的工作中，跟随科技的进步，不断将激光焊接、气相沉积、热喷涂、电火花沉积等新材料、新工艺引入模具表面强化与修复技术中。现在，我们把积累的点滴经验编辑成册与大家分享，希望能够对模具设计、生产制造和维修的技术同行们有参考价值。

本书由汪瑞军研究员负责全书的统筹，马小斌研究员负责统稿。汪瑞军研究员和徐林高级技师编写第1~3章；马小斌研究员编写第4~7章。本书的出版得到了北京市科技领军人才培养工程的大力支持，罗洪军研究员在本书的编写过程中提供了大量应用实例和图片，关成君研究员、鲍曼雨高级工程师以及硕士研究生徐招朋和司彦龙两位同学在出版过程中提供了很多支持，在此一并表示感谢！书中还参考了许多宝贵的文献，在此对原作者致以深深的谢意。

由于笔者水平有限，书中难免存在不足之处，敬请读者批评指正。

编著者
于中国农业机械化科学研究院
2021年4月25日

目录

第1章　概述　/　001

1.1　模具行业概述 …………002

1.2　模具的种类 …………003

1.3　模具失效及失效形式 …………004

1.3.1　模具寿命 …………004

1.3.2　模具的失效形式 …………005

1.3.3　模具失效的原因及预防措施 …………006

1.4　模具修复和强化的特点 …………007

1.4.1　模具材料和热处理 …………007

1.4.2　模具制造和热处理 …………008

1.4.3　模具钢的焊接性 …………009

1.4.4　模具修复、强化方法和特点 …………010

1.5　模具修复和强化的前景与发展趋势 …………012

第2章　模具修复、强化工艺方法和所用材料　/　014

2.1　模具修复、强化的工艺方法和要求 …………015

2.1.1　模具修复和强化的工艺方法 …………015

2.1.2　模具焊接修复的要求 …………021

2.2　模具修复和强化所用的材料 …………024

2.2.1　模具修复材料的性能要求 …………024

2.2.2　模具专用焊补材料 …………031

2.2.3　模具钢自带修复材料 …………035

2.2.4　铸铁堆焊材料 …………037

第3章　冷作模具的修复和强化技术　/　039

3.1　冷作模具材料 …………040

3.1.1　低合金冷作模具钢 …………040

3.1.2　火焰淬火钢 …………040

3.1.3　基体钢 …………041

3.1.4 韧性较高的耐磨冷作模具钢 ……041
3.1.5 粉末冶金高耐磨冷作模具钢 ……042
3.1.6 中外模具钢生产工艺和标准对比 ……044
3.2 冷作模具常见缺陷 ……047
3.2.1 刃口损伤 ……047
3.2.2 掉块 ……047
3.2.3 裂纹与检测 ……047
3.2.4 新模改型 ……048
3.3 冷剪切模具修复 ……048
3.3.1 脉冲钨极氩气保护焊机的使用 ……048
3.3.2 刃口小缺陷的修复 ……051
3.3.3 刃口严重损伤的修复 ……054
3.3.4 冷作模具裂纹焊补 ……057
3.3.5 冷作模具掉块修复 ……059
3.4 冷拉延模具修复 ……061
3.4.1 冷拉延模具损伤原因 ……061
3.4.2 拉延模具补焊工艺 ……061
3.5 模具修复焊工培训 ……064
3.6 堆焊方式制造冷剪切磨具 ……065
3.6.1 堆焊制造冷剪切磨具特点 ……065
3.6.2 粉末高速钢 ……065
3.6.3 堆焊制造冷作模具工艺 ……066
3.7 冷作模具强化工艺 ……068
3.7.1 堆焊高韧性高耐磨焊料 ……068
3.7.2 等离子粉末堆焊高温合金 ……068
3.7.3 移动式等离子粉末堆焊机 ……069
3.7.4 喷涂钼基合金 ……069
3.7.5 镀膜（PVD、CVD） ……071
3.7.6 电刷镀技术 ……071
3.8 汽车覆盖件模具修复与堆焊制造 ……071
3.8.1 汽车覆盖件灰口铸铁和合金铸铁模具修复 ……071
3.8.2 火焰淬火钢模具修复 ……076
3.8.3 马氏体时效钢堆焊制造覆盖件模具 ……077
3.9 30°锐角冲剪模具应用和修复 ……078
3.9.1 30°锐角冲剪模具应用 ……078
3.9.2 30°锐角冲剪模具修复 ……078

3.9.3 Casto TIG6055焊丝……079
3.10 覆盖件模具制造对堆焊工艺的利用……079
3.11 热喷涂工艺快速制模……079
3.11.1 喷涂制模工艺……079
3.11.2 电弧喷涂工艺和设备……080

第4章 热作模具的修复和强化技术 / 083
4.1 热作模具钢……084
4.1.1 热作模具的使用工况……084
4.1.2 热作模具钢的性能要求……084
4.1.3 热作模具材料的选用……085
4.2 热作模具的失效形式……087
4.3 压铸模具的修复与强化……088
4.3.1 压铸模具的失效形式……088
4.3.2 压铸模具的堆焊修复……091
4.3.3 电火花沉积技术在压铸模具表面强化中的应用……096
4.4 热锻、热挤压模具的焊接修复与堆焊强化……103
4.4.1 热锻、热挤压模具的失效形式……103
4.4.2 热锻、热挤压模具的堆焊修复……104

第5章 塑料模具的修复和强化技术 / 109
5.1 塑料模具钢……110
5.1.1 塑料模具简介……110
5.1.2 分类和工作条件……110
5.1.3 性能要求……111
5.1.4 镜面度的概念……111
5.1.5 塑料模具用钢的要求……113
5.1.6 塑料模具钢选用……114
5.2 塑料模具的修复……118
5.2.1 塑料模具失效形式……118
5.2.2 塑料模具修复技术……121
5.2.3 焊接修复方法及其选择……122
5.2.4 塑料模具焊接材料……123
5.3 塑料模具补焊工艺……124
5.3.1 焊接工艺……124
5.3.2 高镜面度模具修复……127

5.3.3 绒面注塑模具修复……127
5.3.4 表面皮纹注塑模具修复……128
5.3.5 注塑口高温合金强化……128
5.3.6 铍青铜注塑模具修复……128
5.3.7 铸铁注塑模具修复……128

第6章 其他模具的修复和强化技术 / 132

6.1 玻璃模具的修复与强化……133
6.1.1 玻璃模具及玻璃模具使用材料……133
6.1.2 玻璃模具的失效形式与强化……136
6.2 简易模具（锌合金模具）的修复与强化……138
6.2.1 锌合金模具用途……138
6.2.2 锌合金模具修复工艺……138
6.2.3 焊后修复……139

第7章 模具修复的质量检验 / 140

7.1 宏观检测……141
7.2 无损检测……142
7.3 硬度检测……146
7.4 金相组织检测……148
7.5 化学成分检测……149

参考文献 / 151

概述

1.1 模具行业概述

模具是工业生产上以注塑、吹塑、挤出、压铸或锻压成型、冶炼、冲压等方法得到所需产品的各种模子和工具。简而言之，模具是用来制作成型物品的工具，这种工具由各种零件构成，不同的模具由不同的零件构成。模具主要通过所成型材料物理状态的改变来实现物品外形的加工，是在外力作用下使坯料成为有特定形状和尺寸的制件的工具，广泛用于冲裁、模锻、冷镦、挤压、粉末冶金件压制、压力铸造，以及工程塑料、橡胶、陶瓷等制品的压塑或注塑的成型加工中，素有“工业之母”的称号。模具具有特定的轮廓或内腔形状，应用具有刃口的轮廓形状可以使坯料按轮廓线形状发生分离（冲裁），应用内腔形状可使坯料获得相应的立体形状。模具一般包括动模和定模（或凸模和凹模）两个部分，两者可分可合。分开时取出制件，合拢时使坯料注入模具型腔成型。模具是精密工具，具有形状复杂，承受坯料的胀力，对结构强度、刚度、表面硬度、表面粗糙度和加工精度都有较高要求等特点，由于模具自身的特点，现代模具企业大多体现出技术密集、资金密集和高素质劳动力密集以及高社会效益的特点，模具制造业已成为高新技术制造产业的一部分。模具生产的发展水平也成为衡量一个国家机械制造水平的重要标志之一。

模具批量生产的制件具有高效率、高一致性、低耗能耗材、精度和复杂程度较高等优点，因而被广泛运用于机械、电子、汽车、信息、航空、航天、轻工、军工、交通、建材、医疗、生物、能源等行业，这些行业中60%~80%的零部件需要依靠模具加工成型。因此，模具制造水平不仅是衡量一个国家制造水平高低的重要标志，而且在很大程度上决定着该国产品的质量、效益和新产品开发能力。模具工业的高速发展可给予制造业强有力的支撑，模具工业的产业带动比例大约是1∶100，即模具产业发展1亿元，可带动相关产业发展100亿元。目前各工业发达国家均非常重视模具制造业的发展，不仅因为模具行业在各国机械工业中所占比例较高，更在于模具工业为新技术和新产品的开发和应用提供重要的加工工具和技术支撑。因此，模具工业在欧美等工业发达国家被称为“点铁成金”的“磁力工业”。

近年来随着汽车工业、电子信息、家电、建材及机械行业等的高速发展，中国模具产业也实现了快速增长，模具行业销售总额从2009年的980亿元上升到2016年的1840亿元，年复合增长率达到了9.58%，如图1-1所示。2017年模具市场总额达1900亿元，并保持20%年均增长率。

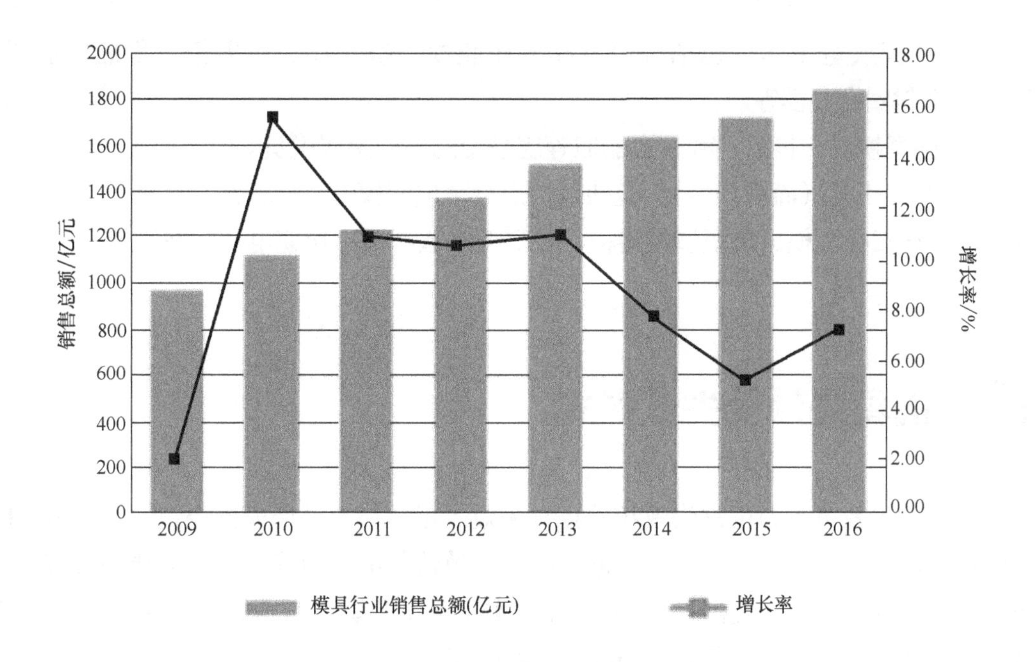

图1-1　2009~2016年我国模具行业市场规模变化情况

1.2 模具的种类

根据用途，模具分为以下几种。

① 冲压模具（冲模）：包括冲裁模具（无或少废料冲裁、整修、光洁冲裁、深孔冲裁精冲模等）、弯曲模具、拉深模具、单工序模具（冲裁、弯曲、拉深、成型等）、复合冲模、级进冲模、汽车覆盖件冲模、组合冲模、电机硅钢片冲模、板材冲压成型。

② 塑料成型模具：包括压塑模具、挤塑模具、注射模具（立式、角式注射模具）、热固性塑料注射模具、挤出成型模具（管材、薄膜扁平机头等）、发泡成型模具、低刀具工具泡注射成型模具、吹塑成型模具。

③ 压铸模：包括热室压铸机用压铸模、立式冷室压铸机用压铸模、卧式冷室压铸机用压铸模、全立式压铸机用压铸模、有色金属（锌、铝、铜、镁合金）压铸模、黑色金属压铸模等。

锻造成型模具：包括模锻和大型压力机用锻模、螺旋压力机用锻模、平锻机锻模、辊锻模、各种紧固件冷镦模、挤压模具、拉丝模具、液态锻造用模具等。

④ 粉末冶金模具：包括成型模、手动模、实体浮动压模、机动模、整形模等。

⑤ 玻璃制品模具：包括吹-吹法成型瓶罐模具、压-吹法成型瓶罐模具、玻璃器皿用模具等。

⑥ 橡胶成型模具：包括橡胶制品的压胶模、挤胶模、注射模、橡胶轮胎模、“O”形密封圈橡胶模等。

⑦ 陶瓷模具：包括各种陶瓷器皿等制品用的成型金属模具。

⑧ 经济模具（简易模具）：包括低熔点合金成型模具、薄板冲模、叠层冲模、硅橡胶模、环氧树脂模、陶瓷型精铸模、叠层型腔塑料模、快速电铸成型模等。

1.3 模具失效及失效形式

模具的失效可分为正常失效和非正常失效。正常失效是指模具经长时间服役，因慢塑性变形、蠕变、均匀磨损以及疲劳断裂，致使其不能继续服役而造成的报废；非正常失效是指模具未能达到一定工业技术水平下所公认的寿命，也称模具的早期失效，其形式有塑性变形、断裂、局部严重磨损等。

1.3.1 模具寿命

模具正常失效前，生产出的合格产品数量，称为模具的正常寿命（用S表示），模具首次修复前生产出的合格产品数量称为首次寿命，模具首次修复后到下一次修复前所生产的合格产品数量，称为修复模寿命，依次类推，模具寿命是首次寿命与多次修模寿命的总和：

$$S=\sum S_i=S_1+S_2+S_3+\cdots\cdots$$

模具寿命与模具类型、结构和形貌有关，同时，它是一定时期内模具材料性能、模具材料冶金水平、模具设计思路与方案、模具制造技术水平、模块锻造技术、模具热处理水平、模具使用水平以及模具工程系统管理水平的综合体现。表1-1大体上描述了影响模具寿命的各种因素。

表1-1 影响模具寿命的各种因素

影响方面	因素	原因
模具设计制造方面	模具设计	模具过载设计
		工具形式和精度不良
		加强环预应力不足

续表

影响方面	因素	原因
模具设计制造方面	模具材料	选材不当
		下料不当
	热处理	过热、脱碳、淬火冷却缓慢
		回火硬度偏高,回火温度太低,内部不均匀
		多余的表面处理
	模具加工	表面粗糙度不良,残存有刀痕
		圆角R太小
使用条件方面	被加工材料	坯料重量波动、成分波动、硬度波动
		表层不良,尺寸、形状、平面度不良
	机械	精度、刚性不良
		加工速度大,加工压力大
	装配	中心和垂直度偏心
	润滑	润滑油选择不当
		新生面供油不良,一端接触

1.3.2 模具的失效形式

模具的失效形式大致为磨损、断裂，包括开裂、碎裂、崩刃、掉块（剥落）、腐蚀、疲劳和变形等。模具可能同时出现多种形式的失效，各种失效之间相互渗透、相互诱发、相互影响，当某种损伤发展到导致模具失去正常功能时，则模具失效，如表1-2所示。

⊡ 表1-2 模具失效形式与特征

<table>
<tr><th colspan="2">失效形式分类</th><th>特征</th></tr>
<tr><td rowspan="2">磨损失效</td><td>疲劳磨损</td><td rowspan="2">刃口钝化、棱角变圆、平面下陷、表面沟痕、黏膜剥落等</td></tr>
<tr><td>气蚀磨损</td></tr>
<tr><td rowspan="2">磨损失效</td><td>冲蚀磨损</td><td rowspan="2">刃口钝化、棱角变圆、平面下陷、表面沟痕、粘膜剥落等</td></tr>
<tr><td>腐蚀磨损</td></tr>
<tr><td rowspan="4">断裂失效</td><td>脆性断裂失效</td><td rowspan="4">崩刃、劈裂、折断、胀裂等</td></tr>
<tr><td>疲劳断裂失效</td></tr>
<tr><td>塑性断裂失效</td></tr>
<tr><td>应力腐蚀断裂失效</td></tr>
<tr><td rowspan="3">变形失效</td><td>过量弹性变形失效</td><td rowspan="3">局部塌陷、型腔胀大、型腔塌陷、型孔扩大、棱角凸模纵向弯曲</td></tr>
<tr><td>过量塑性变形失效</td></tr>
<tr><td>蠕变超限失效</td></tr>
<tr><td rowspan="4">腐蚀失效</td><td>点腐蚀失效</td><td rowspan="4">局部开裂、黏膜剥落、棱角变圆、平面下陷</td></tr>
<tr><td>晶间腐蚀失效</td></tr>
<tr><td>冲刷腐蚀失效</td></tr>
<tr><td>应力腐蚀失效</td></tr>
<tr><td rowspan="2">疲劳失效</td><td>热疲劳失效</td><td rowspan="2">平面龟裂、裂纹、表面破裂、局部断裂</td></tr>
<tr><td>冷疲劳失效</td></tr>
</table>

1.3.3 模具失效的原因及预防措施

① 结构设计不合理，尖锐转角（应力集中是平均应力的10倍以上）和过大的截

面变化造成应力集中，并且在淬火过程中，尖锐转角引起残余拉应力，缩短模具寿命。预防措施：凸模各部的过渡应平缓圆滑，任何细小的刀痕都会引起强烈的应力集中，其直径与长度应符合一定要求。

② 模具材料质量差，模具材料内部缺陷，如疏松、缩孔、夹杂成分偏析、碳化物分布不均、原表面缺陷（如氧化、脱碳、折叠、疤痕）等影响钢材性能。预防措施：钢在锻轧时，应反复多方向锻造，钢中的共晶碳化物因而被击碎，变得细小均匀，从而保证了钢碳化物不均匀度级别的要求。

③ 模具热处理工艺不合适，加热速度、氧化和脱碳、冷却条件等热处理工艺参数选择不当，都将成为模具失效的因素。

a. 加热速度的影响。模具钢中含有较多的碳和合金元素，导热性差。因此，加热速度不能太快，应缓慢进行，防止模具发生变形和开裂。在空气炉中加热淬火时，为防止氧化和脱碳，采用装箱保护加热，此时加热速度不宜过快、而透热也应较慢。这样，不会产生大的热应力，比较安全。若模具加热速度快、透热快，模具内、外将产生很大的热应力，当控制不当时，很容易产生变形或裂纹，因此必须采用预热或减慢加热速度等方法进行预防。

b. 氧化和脱碳的影响。模具淬火是在高温下进行的，如不严格控制，表面很容易氧化和脱碳。另外，模具表面脱碳后，由于内、外层组织差异，冷却过程中会出现较大的组织应力，导致淬火裂纹。预防措施：采用装箱保护处理，箱内填充防氧化和脱碳的填充材料。

c. 冷却条件的影响。不同的模具材料，其所要求的组织状态、冷却速度是不同的，因而采用不同的方法进行处理。例如高合金钢，由于含较多合金元素、淬透性较高，可以采用油冷、空冷甚至等温淬火和等级淬火等工艺进行热处理。

1.4 模具修复和强化的特点

1.4.1 模具材料和热处理

模具用钢大致可分为冷作模具钢、热作模具钢和塑料模具钢3类，用于锻造、冲压、切型、压铸等。由于各种模具用途不同，工作条件复杂，因此对模具用钢，按其所制造模具的工作条件，应具有不同的硬度、强度、耐磨性、韧性、淬透性、淬硬性等工艺性能要求。

冷作模具包括冷冲模、拉丝模、拉延模、压印模、搓丝模、滚丝模、冷镦模和冷挤压模等。冷作模具钢应具有高的硬度、强度、耐磨性，足够的韧性，以及高的淬透性、淬硬性。用于这类用途的合金工具用钢一般属于高碳合金钢，碳含量在0.80%以上，铬是这类钢的重要合金元素，其含量通常不大于5%。但对于一些耐磨性要求很高、淬火后变形很小的模具用钢，最高铬含量可达13%，并且为了形成大量碳化物，钢中碳含量也很高，最高可达2.0%~2.3%。冷作模具钢的组织大部分属于过共析钢或莱氏体钢。常用的钢类有高碳低合金钢、高碳高铬钢、铬钼钢、中碳铬钨钼钢等。

热作模具分为锤锻、模锻、挤压和压铸几种主要类型，包括热锻模、压力机锻模、冲压模、热挤压模和金属压铸模等。热作模具在工作中除要承受巨大的机械应力外，还要承受反复加热和冷却的作用，从而引起很大的热应力。热作模具钢除应具有高的硬度、强度、红硬性、耐磨性和韧性外，还应具有良好的高温强度、热疲劳稳定性、导热性和耐蚀性，此外还要求具有较高的淬透性，以保证整个截面具有一致的力学性能。对于压铸模用钢，还应具有表面层经反复受热和冷却不产生裂纹，以及经受液态金属流的冲击和侵蚀等性能。这类钢一般属于中碳合金钢，碳含量为0.30%~0.60%，属于亚共析钢，也有一部分钢由于加入较多的合金元素（如钨、钼、钒等）而成为共析或过共析钢。常用的钢类有铬锰钢、铬镍钢、铬钨钢等。

一般情况下，注射成型或挤压成型模具可选用热作模具钢；热固性成型和要求高耐磨、高强度的模具可选用冷作模具钢。

塑料模具包括热塑性塑料模具和热固性塑料模具。塑料模具钢要求具有一定的强度、硬度、耐磨性、热稳定性和耐蚀性等性能。此外，还要求具有良好的工艺性，如热处理变形小、加工性能好、耐蚀性好、研磨和抛光性能好、补焊性能好、粗糙度高、导热性好以及工作条件尺寸和形状稳定等。

1.4.2 模具制造和热处理

国外模具厂仅负责机械加工，热处理一般送回钢厂进行，也不承担改锻工作，大幅度降低了风险。国内模具制造厂一般规模较小，毛坯标准化程度低，品种有限，模具厂改锻毛坯难度大。例如国外Cr12MoV冷作钢改锻时，要求始锻和终锻温度控制在1050℃±10℃范围内，同时还要采取防脱碳措施，这两点要求国内普通锻造设备还无法做到。因此，改锻和热处理是中国模具行业的两大“拦路虎”，经过热处理后，毛坯产生裂纹的现象较为常见，所以新模具也需要挖补裂纹。目前冷作模具钢应用最广泛的新型热处理工艺是深冷处理。深冷处理（Deep Cryogenic Treatment，DCT）是指在-130℃以下（通常是液氮温度）对材料进行保温从而改善其性能（主要是耐磨性能）的方法，是常规热处理工艺的延伸。研究表明，经过深冷处理的模具钢与未经深冷处理的模具钢相比，虽然硬度增加有限，但其磨粒磨损抗力显著提高，耐磨性比原来提高2~6.6倍，力学性能和使用寿命也因此得到大幅提高，因而在欧美、日本等国家得到了广泛应用。目前对冷作模具钢深冷处理的研究集中于D2钢等Cr12系列材料，而对综合性能更为优异的Cr8系列冷作模具材料的深冷处理工艺研究较少。

1.4.3 模具钢的焊接性

模具加工精度高、形状复杂，结构可焊性差是模具修复的难点之一。修复模具前，应先与甲方协商焊后加工工艺，评估后期机加工过程，在保证恢复原形状，并保证精度可保持的前提下才可进行修复。

（1）模具材料可焊性差

① 冷作模具钢用高碳钢或高铬钢制造，淬火后硬度保持在HRC62左右，此时材料处于脆性极限位置，焊接裂纹倾向严重。中国农机院表面工程技术研究所制定的冷态、热态堆焊修复工艺满足了此类钢种的修复需要。

② 热作模具钢合金含量高，热工况下内部应力不易扩散，产生裂纹深度较大。挖补裂纹需要使用国外设计的专用封底焊料，加上专门制定的焊接工艺，此类模具修复费用高昂、数量巨大。

③ 注塑模镜面钢生产工艺独特，如果选用常规材料补焊，会造成缺陷越补面积越大的状况，只有专用焊料配合专用工艺才能修复。

④ 铍青铜模具由于注塑成型中所谓的越打越亮特性，广泛用于注塑灯具和化妆品壳体模具制造。此类模具修补缺少合适焊丝，母材必须预热到很高温度，这些因素致使修补工作复杂化。

（2）模具工艺可焊性差

① 模具钢几乎都是精炼钢种，内部夹杂、孔隙缺陷都在微米级范围，而常规焊接缺陷在毫米级，远远达不到要求。因此常用的手工电弧焊、熔化焊修补工艺不适用于模具工作面焊接。

② 模具修复时，一般采用钨极惰性气体保护焊，氩弧焊相近于氩弧精炼，焊肉内缺陷少。正确的工艺可保证内部不出肉眼可见缺陷。

需要指出的是，焊肉可以做到成分相同，但结构仍然是铸造状态，跟母材的轧制态有差别。这一点在镜面模具、皮纹模具修复中会遇到。

③ 钨极惰性气体保护焊热输入量大，焊速慢，会给修复工作带来众多问题。因此建议采用脉冲钨极惰性气体保护焊来替代，可大大减少母材的热输入量和残余应力，降低产生裂纹的可能性。

④ 焊接模式适合修复工作面大型缺陷，也适用于模腔内的小损伤。针对模具表面损伤，可用各种模具修复机进行处理。

（3）注塑模具补焊特殊要求

① 镜面钢由于钢材本身冶炼、轧制工艺特殊，补焊需要特别注意。一些钢种经过鞣锻工艺，呈超细晶粒组织，没有轧制钢的纤维方向差别。焊肉是铸态组织，与母

材不同，选用与母材成分相同的焊丝，并力求与母材硬度近似，是保证抛光后差别小的主要方法。

② 皮纹面补焊注意事项。皮纹经照相制版腐蚀工序制成，补焊材料应与母材一致，否则腐蚀速度不同，皮纹纹路深浅不一致。与镜面钢一样，补焊要求无缺陷，焊肉边缘母材收缩量不超过0.01mm。超量收缩会造成抛光过程更大的尺寸损失，通常是不允许的。收缩大于0.01mm下限，肉眼已经很容易分辨，成为新的永久创伤。

1.4.4 模具修复、强化方法和特点

传统的模具修复技术包括氧-乙炔火焰堆焊技术、电弧堆焊技术、电火花堆焊技术、复合堆焊技术、等离子熔覆技术、电刷镀技术、热喷涂技术和热喷焊技术等，激光修复是最新的模具修复技术，各种修复技术介绍如下。

① 氧-乙炔火焰堆焊技术。氧-乙炔火焰堆焊是指焊丝或金属粉末在氧-乙炔火焰的热作用下，在模具待修复表面熔化焊接然后凝固，修复零件表面损伤部位的修复技术。氧-乙炔火焰堆焊修复技术具有以下几个优点：a.对设备要求低，适合现场堆焊；b.对堆焊材料的形状适应性强；c.稀释率低，熔化层深度大于0.1mm，保证焊层质量；d.小面积堆焊能见度大，堆焊层表面质量较高。但是，氧-乙炔火焰堆焊修复技术对操作人员的技术要求高，手工操作熔覆效率低，工作强度大。

② 电弧堆焊技术。电弧堆焊包括：手工电弧堆焊、气体保护电弧堆焊和埋弧堆焊3种。手工电弧堆焊是以电弧作为热源，将焊条与模具待修复表面金属加热至熔化状态，实现金属冶金结合，达到模具修复目的。手工电弧堆焊设备简单，操作容易，适应性强，使用维护成本低；但是手工电弧堆焊需要手工操作，对焊接技术人员要求高，因此焊接效率低，焊接质量不稳定，而且劳动强度大。气体保护电弧堆焊常用于有色金属和不锈钢的堆焊，使用惰性气体或CO作为保护气体，隔绝氧气，避免模具表面出现氧化烧损或气孔等缺陷，获得优质的堆焊层。CO作为保护气体，具有供应大、堆焊层质量好、硬度高、焊接变形小、效率高和成本低等优点，但是会出现合金元素烧损、飞溅严重，表面成型质量差，堆焊层稀释率较高，成分难以调整等缺陷。埋弧堆焊是电弧在焊剂层下自动引燃，在机械作用下，电弧移动和焊丝送给自动完成的一种电弧堆焊方法，即堆焊通过埋在熔融焊剂层下的电弧进行，模具待修复表面与熔化的焊丝结合形成堆焊层。埋弧堆焊具有堆焊层表面光滑、修复模具零件疲劳强度高和容易实现自动化生产等优点，通常用于修复热作模具钢，例如，H13是一种常用的热作模具钢，使用埋弧堆焊技术修复此类热作模具，修复后的模具组织性能良好，能有效延长模具使用寿命。但是，埋弧堆焊电弧输入热量较大，熔化面积大，容易破坏修复区域附近表面，因此，埋弧堆焊不适用于修复微小热疲劳裂纹及轻微开裂的模具表面。

③ 电火花堆焊技术。电火花堆焊是基于脉冲放电的原理，当模具零件待修复表面与工具电极在绝缘介质中逐渐靠近到一定距离时，距离最近两点的极间电压将被电离击穿，在面积极小的区域内瞬间产生8000℃以上的高温。在高温、高压、微电场和爆破力的共同作用下，微区电极金属能瞬时熔化并涂覆到模具零件的相应位置，得到堆焊涂覆层。电火花堆焊技术具有堆焊层质量好，加工余量小，修复后模具零件变形小，所需设备简单等特点，适合高精度要求的模具零件表面修复。目前电火花堆焊修复技术已成功应用于冷作模具和塑料模具零件的修复再制造。

④ 复合堆焊技术。具有高的耐磨性、耐热性、耐蚀性和韧性，堆焊在模具零件表面可以延长模具的使用寿命，因此模具会采用“模具零件待修复表面+中间过渡层+表面耐磨层”的复合堆焊修复方法。堆焊中间过渡层可以有效减少堆焊层裂纹的产生，提高堆焊层与模具零件待修复表面的结合强度。当焊接材料与模具零件待修复表面的热膨胀系数等物理性能差别很大时，可以在模具零件表面堆焊一层或多层的过渡层，使焊后堆焊层的硬度和强度呈梯度分布，延长模具使用寿命。通过复合堆焊及时修复的热作模具和冷作模具，表面耐磨性都明显提高，修复效果良好。

⑤ 等离子熔覆技术。等离子熔覆技术是指送粉器将合金粉末送到模具零件待修复表面，在等离子束的高温作用下，合金粉末与模具零件待修复表面迅速加热并在模具零件表面熔化、混合、扩散、反应、凝固。模具零件表面产生合金熔池，等离子束移开后，合金熔池快速凝固，修复模具零件表面缺陷处。由于熔池中金属熔化与凝固同时进行，温度分布不均匀，形成对流，对熔池产生搅拌作用，从而使得熔覆层组织细小均匀，且熔覆层与模具零件待修复表面冶金结合良好，提高了模具零件表面的硬度和耐磨性。等离子熔覆具有设备操作简单、适用范围广和设备成本低等优点。但是等离子熔覆热量输入大，修复的模具零件表面容易出现变形、涂层开裂等现象。目前等离子熔覆已广泛应用于P20模具钢的修复。

⑥ 电刷镀技术。在电刷镀工艺中，电源负极与模具零件表面相连，正极与镀笔相连，镀笔的棉花包套中储存着金属电镀溶液，在直流电压作用下，镀笔与模具零件待修复表面保持相对运动，一段时间后，模具零件待修复表面上就会出现一层金属。电刷镀设备简单，携带方便，可就地修复大型模具零件，修复后可直接使用，并且电镀层的材料选择范围广。电刷镀技术能有效修复塑料模具与冷作模具零件的损伤部位，特别是大面积超差或磨损部位，修复后的模具使用寿命明显延长。但是，电刷镀技术的工作现场环境比较恶劣，金属刷镀液容易造成环境污染，甚至危害操作人员身体健康。

⑦ 热喷涂技术。热喷涂是预喷涂的金属或非金属涂层材料在等离子弧或电弧等热源的作用下加热到熔化或半熔化状态，然后以很高的速度喷射到模具零件待修复表面，最后沉积形成金属修复层的一种修复方法。热喷涂技术使用的材料和工艺方法选择范围广，能够实现高修复效率的同时获得强化效果明显的模具零件表面，可以修复使用过程中模具零件表面产生的磨损或划痕。但是采用热喷涂技术修复后的模具表面

粗糙度值较高，涂层内部或涂层与模具零件待修复表面之间为半机械结合，结合处容易出现裂纹或其他缺陷，模具零件表面耐蚀性和耐磨性较差，并且当涂层厚度过大时，会出现涂层局部脱落现象，影响热喷涂技术的推广应用。

⑧ 热喷焊技术。热喷焊是将特定的金属粉末通过喷枪的特定热源加热到熔融或高塑性状态，然后高速喷射到预处理后的模具零件待修复表面，使得模具零件表面金属表层组织均匀致密。热喷焊技术不仅可以修复模具零件，还能增强模具零件的耐磨损、耐腐蚀、耐热和抗氧化性能，延长模具使用寿命。与热喷涂技术相比，热喷焊技术结合了热喷涂和重熔两种工艺的优点，喷涂材料在模具零件待修复表面重新熔化或部分熔化，实现合金层与模具零件待修复表面的冶金结合。热喷焊技术广泛用于热作模具的修复。

⑨ 激光修复技术。激光修复技术具有稀释率低、热输入量和热变形小、定位控制准确、自动化操作、功率和修复速率控制方便等优点，广泛应用于精密复杂模具零件的修复。激光修复技术主要有激光表面熔凝、激光熔覆、激光填料焊接等，常用于修复热作模具与塑料模具零件表面缺陷处。激光表面熔凝技术无需任何辅助材料，利用高能量密度的激光，直接加热模具零件待修复表面微小区域，使其熔化后重新凝固，修复模具零件表面裂纹。激光可以集中能量加热微小区域，热影响区小，修复区域组织均匀细小，无应力集中、缩孔和裂纹等缺陷，修复后的模具零件使用性能良好，而且成本低廉，修复效率高。激光表面熔凝技术适用于修复模具零件表面的微小裂纹。激光熔覆技术是在高能量激光作用下，模具零件待修复表面合金层快速熔化、扩展及凝固，与表面合金层形成良好的冶金结合层，达到表面改性或缺陷修复的目的。熔覆过程只会熔化少量模具零件待修复表面金属，添加的合金决定改性层组织性能；合金化熔化的模具零件待修复表面金属较多，模具零件待修复表面组织与添加的合金材料熔化后混合凝固形成新的改性层组织。激光填料焊接技术是指在激光作用下，连续填充的焊丝与模具零件待修复表面合金一起熔化和凝固形成焊缝，修复模具零件的焊接工艺。焊丝的添加改善了焊缝的表面粗糙度和组织性能，避免焊缝处出现凹陷或咬边等缺陷，还可以降低模具零件的装配精度要求。因此激光填料焊接常用于工业生产，修复模具型腔板等零件。

1.5 模具修复和强化的前景与发展趋势

（1）新型修复技术

热处理是模具零件修复后不可避免的一道工序，若模具零件修复时热影响区小，则修复后无需热处理。因此有学者发明了微区脉冲点焊方法，即在电源阳极和模具零件之间产生高能电脉冲，高能电脉冲使刚极压点附近产生瞬时高温，熔化这一微区的焊料和模具零件待修复表面金属，实现微区焊接。这种焊接方法的热影响区范围极小，可以使模具零件整体始终处于“冷态”，减少模具零件变形量。经验证，采用微区脉冲点焊方法修复后的Cr12、Cr12MoV冷作模具使用性能良好，能有效延长使用寿命。一般来说，金属材料在一定温度范围内，可以达到超塑性状态，获得较大的塑性流变和原子扩散迁移率。在超塑性状态下对需要焊接的金属材料施加一定压力，金属材料便可以在低温状态下通过原子扩散和化学键结合实现冶金结合。超塑性固态焊接结合了扩散焊和变形焊的优点，工艺简单，无需额外增加真空条件或保护气体，是材料焊接方法的研究热点之一。对于碳、铬含量高的模具钢，电弧堆焊修复容易使修复后的模具零件表面出现裂纹缺陷，超塑性固态焊接技术的应用可以有效修复模具零件。

（2）综合修复技术

随着制造技术的发展，高耐磨、高精度、长使用寿命的模具逐渐成为模具行业的发展方向，因此需要综合运用模具修复方法才能满足生产要求。某公司在研究1.5mm厚度以下薄板料模具修复技术的过程中，改进了电刷镀电源，发明了电阻冷熔设备，开发出一种特别的活化工艺。实际生产证明，这种修复技术能使修复后的模具零件无退火软化现象，无脱碳、裂纹、应力集中现象，模具使用寿命高达15万~30万次。

（3）数字化技术的应用

一般来说，汽车与飞机零件的冲模都具有复杂的型腔结构。当此类模具零件失效时，可以从逆向工程的角度出发，对比失效前后的模具零件结构，计算出模具零件损伤区域，再进行模具零件修复再制造，降低模具零件损伤的风险。计算机技术在模具零件修复的应用不仅降低了修复时间和成本，还提高了模具零件修复后的性能，为模具零件的修复和再制造奠定了基础。模具零件沉积层形成过程、冷却过程温度场分布、残留应力分布及变形程度是影响修复后模具零件性能的重要因素。运用有限元分析软件ANSYS对上述变量进行模拟，可以优化焊接工艺参数，减少模具零件待修复表面在焊接过程中的热变形，从而获得具有精确尺寸和形状的模具零件。

第2章

模具修复、强化工艺方法和所用材料

2.1 模具修复、强化的工艺方法和要求

2.1.1 模具修复和强化的工艺方法

最早用于模具修复的表面技术是堆焊技术，它是指用焊接方法在模具受损区域堆覆一层或数层具有一定性能材料的工艺过程，目的是使修复模具达到使用要求，并在修复区域获得具有耐磨、耐热、耐蚀等特殊性能的熔覆层。堆焊多是以延长设备或零件的使用寿命为目的。据统计，用于修复旧零件的合金量占堆焊合金总量的72.2%。模具堆焊修复技术主要有火焰堆焊、电弧堆焊、电渣堆焊、等离子堆焊和激光堆焊。模具的堆焊修复技术特点是修复层较厚，经多层堆焊，可达到厘米级。适用于模具受损较严重或超差较大的表层，如较深的沟槽、严重磨损的刃口、崩刃、大的裂纹、塌陷、冲头的断裂等失效部位。失效部位可重复修复，如运用双金属堆焊技术对锻造用切边模可重复修复达30多次。设备简便，自动化程度较高，可现场修复。焊前需对基体的修复部位开槽或打坡口，不适宜对薄而精密的模具进行修复。堆焊高硬度合金时，为减少应力，防止开裂，需采用打底焊法。稀释率较高，热影响区大，焊后易产生翻泡、气孔、夹渣、未焊透、疏松、裂纹、硬度不均、焊道成型不良等缺陷，易引起模具基体变形。修复模具的范围受堆焊金属焊条形状限制较多。随着堆焊技术的发展，堆焊技术在模具修复中的应用日益广泛，可修复模具的范围不断扩大，从最初的因崩刃、切裂而失效的冲裁模、切边模到因塌陷、堆塌、龟裂的热锻模、压铸模，因圆角、钝边、划痕、凹坑、气孔、沙眼、磨损等原因失效的模具也可修复，特别是激光堆焊技术，对难以解决的深孔修复具有优良的效果。例如，在H13钢表面采用激光堆焊耐磨合金层，可以得到晶粒细小、稀释率低、热影响区窄的堆焊层，硬度和表面耐磨性均可提高1.5倍。堆焊修复是目前模具修复技术中应用最广泛的技术，已在国内外取得了显著的经济效益。

（1）手工电弧焊

手工电弧焊是以焊接电弧为热源，以焊条为填充材料，用手工操作实现对两个零件或零件上断裂部位进行熔焊的方法。手工电弧焊是一种传统的焊接方法，随着焊接材料的不断发展及工艺方法的改进，这一技术应用范围更加广泛。手工电弧焊具有设备简单、工艺灵活、适应性强、维修方便等特点。

手工电弧焊主要有热焊法和冷焊法两种方法。热焊法是将试件整体或大范围加热到600~700℃后开始施焊，焊接过程中工件温度不低于400℃，焊后立即加热到600~700℃，进行消除应力、退火处理的方法。冷焊法是在整体温度不高于200℃时对模具

进行焊接修复的方法。由于热焊法工作环境较差，而且温度条件很难达到，因此在现有技术条件下选择用冷焊法对模具进行修复。手工电弧焊的优点：适合在干燥的环境下工作，不需要太多的要求，体积相对较小，操作简单，使用方便，速度较快，焊接后焊缝结实，适合大面积焊补焊接，可以瞬间将同种金属材料（也可将异种金属连接，只是焊接方法不同）永久性地连接，焊后经热处理后，与母材同等强度，密封很好。手工电弧焊的缺点：不适用于高碳钢的焊接焊补，由于焊缝金属结晶和偏析及氧化等过程，内部有应力，焊后容易开裂，产生热裂纹和冷裂纹，内部容易产生气孔、夹渣等二次缺陷，焊点上硬度过高，一般还需要退火处理才能满足加工要求。这就决定了手工电弧焊只能修补一些比较粗糙的铸件，即使修补精密的铸件，由于需要预热，焊后还需进行退火处理，焊补过程比较烦琐，这时需要使用更高级的焊接设备来弥补它的不足。

（2）气体保护堆焊

气体保护堆焊是一种较早用于模具修复的技术，是在模具受损区域堆焊一层或数层具有一定性能材料的工艺过程，目的是在修复区域获得具有耐磨、耐热、耐蚀等特殊性能的堆焊层，使修复模具达到使用要求。据统计，用于修复旧零件的合金量占堆焊合金总量的72.2%。气体保护堆焊的主要优点：效率高，设备简单，可现场修复。修复层一般较厚，可多层堆焊，适用于模具受损较严重或超差较大的表层，如较深的沟槽、严重磨损的刃、崩刃、大的裂纹、塌陷、冲头的断裂等失效形式，并可重复修复。气体保护堆焊的缺点：为了保证与基体的结合性和修复层的使用性能，需要根据原有机体和性能要求选择或制作焊丝；热量输入大、能量不集中，热影响区大，焊后变形大，甚至开裂；稀释率大，降低了基体和修复材料的性能；焊后易产生气泡、气孔、夹渣、未焊透、疏松、裂纹、硬度不均、焊道成型不良等缺陷；焊前需对基体的修复部位开槽或打坡口，不适宜对薄而精密的模具进行修复。

（3）氩弧焊

氩弧焊又称氩气保护焊，就是在电弧焊的周围通上氩气保护性气体，将空气隔离在焊区之外，防止焊区的氧化。精密铸件（如合金钢、不锈钢精铸件）、铝合金压铸件多采用氩弧焊焊补。部分模具制造和修复厂家，也采用氩弧焊修复模具缺陷。氩弧焊的优点：焊补效率高，精度较手工焊高。焊丝种类较多，在不锈钢、铝合金产品上应用最广。氩弧焊缺点：氩弧焊因为热影响区域大，因而对铸件冲击过大，熔池边线有痕迹，焊补钢件有硬点。由于热影响，焊补有色铸件或薄壁件时，易产生热变形，操作技术要求较高。工件在修补后常常会造成变形、硬度降低、砂眼、局部退火、开裂、针孔、磨损、划伤、咬边或者是结合力不够及内应力损伤等缺点，尤其在精密铸造件细小缺陷的修补过程中表现突出。

（4）激光熔覆

激光表面熔覆是20世纪70年代材料科学中逐渐兴起的新技术。在20世纪80年代得到较大的发展。所谓激光表面熔覆，就是以激光作为热源，用不同的填料方式在被熔覆的基体上放置所选择的涂层材料，经过激光照射使之与基体表面一薄层同时熔化，并快速凝固后形成稀释度极低，与基体材料形成冶金结合的表面涂层，从而显著改善基体材料表面的耐磨、耐蚀、耐热、抗氧化能力及电气特性的工艺方法。激光熔覆与激光合金化的主要区别在于经激光作用后，其涂层的化学成分基本由熔覆材料组成。即激光合金化是以母材金属为熔体，而激光熔覆主要是以涂层为熔体。

激光熔覆技术的优点：第一，具有能量密度大、热变形小、稀释率低、冶金结合、操作方便灵活、可准确定位、修复效率高、无污染等特点。第二，激光熔覆技术能将两种以上材料结合在一起，并充分发挥各自的性能，因此，粉末选择范围大，特别是在低熔点金属表面熔覆高熔点合金或陶瓷粉末时，其工艺过程易于实现自动化。第三，激光可进行零件局部熔覆修复，处理结果重复性好。同时激光熔覆属于自冷却，它不需要喷水或采取其他使零件冷却的办法，可在大气或特殊气氛下进行，处理条件易于操作。第四，激光束焦深大，即使工件凹凸度较大，也可通过激光处理获得均匀的熔覆层。它对入射角要求不严，一般只要光束入射角小于45°，光能量的吸收仍然较高。第五，激光熔覆过程中，不产生烟、雾等有害气体或物质，对激光的防护也很容易，劳动环境好。第六，修复层与基体结合强度高，获得的修复层组织均匀、结构致密、不易产生气孔和夹杂、晶粒细小、位错密度大、高硬度、抗疲劳、可达到多种性能要求、后续加工量小，不但可以用于修复模具，还可用于制造内韧外硬的高效低成本模具。第七，根据熔覆的金属材料，可使修复后的模具具有比原来模具更优异的表面硬度、耐磨性、红硬性、抗冷热疲劳等性能。激光熔覆技术的应用如下。

① 由于激光熔覆技术在修复模具时加热和冷却速度快（104~106℃/s），畸变较小，涂层稀释率低（一般为2%~8%），热影响区小，可选区熔覆，层深和层宽可通过调整激光熔覆工艺参数进行精密控制，且后续加工量小。所以可对模具的表面或局部损伤区域（如磨损、沟槽、划痕、蚀坑、剥蚀等）进行修复，不会引起基体热变形。

② 激光熔覆技术可准确定位光束的特点对模具难以接近的区域进行修复（如孔腔、窄缝、盲孔、小的台面等部位）占有优势。

③ 采用激光熔覆技术，可在模具的特殊要求区域得到具有特殊性能的修复层，不但修复了模具表面，同时对模具表面进行了强化。例如对冲裁模的刃口部位进行修复，可得到高硬度、高耐磨性和一定韧性的修复层；对拉拔模的工作带部位进行修复，可得到高耐磨性、高硬度和良好抗咬合性的涂层。

④ 模具经激光熔覆修复后，修复层与基体结合强度高，获得的修复层组织均匀、结构致密、无开裂、无气孔、无夹杂、性能优良、外观平整、使用时无脱落，特别适合小型、复杂、长、薄、精密模具的修复。如塑料制品、电子元器件等复杂型腔模的修复，修复后模具的二次寿命较原来的寿命有大幅提高。如在5CrMnMo热锻模上熔覆Ni60镍基合金粉末材料，熔覆层厚度为1~2mm，可以得到较理想表面质量的修复层。模具激光熔覆技术是新兴的交叉表面处理技术，与其相关的熔覆材料、熔覆工艺

和机理以及熔覆带的搭接、熔覆层裂纹等问题都有待进一步研究，并且激光熔覆技术因其一次投资较大，运行成本较高，目前在模具修复中的应用还处于起步阶段。但由于激光熔覆技术独特的优点，可与其他表面技术相结合，修复一般技术较难修复的模具。随着大型精密模具的发展和对模具寿命要求的提高，其在模具修复行业中的应用必将进一步扩大。激光熔覆技术目前已经广泛地应用于金属材料的表面强化、新材料的制备以及材料的修复。由于熔覆层的材料、性能均可根据实际失效形式进行调整，熔覆层厚度可调，实际生产中，采用激光熔覆技术时，较易根据原模具的材料和性能的要求进行匹配，工艺过程简单，易操作，因此近年来国内外在塑料模具修复方面，对激光熔覆技术进行了深入的研究，并取得了丰硕的成果。

激光熔覆技术可分为预置法激光熔覆和同步送粉法激光熔覆。预置法激光熔覆的原理：采用适当的方法在需要处理的零部件表面预置一层能满足使用要求的特殊粉末，然后用高能激光束对涂层进行快速扫描处理，预置粉末在瞬间熔化并凝固，同时基体金属也随之熔化成薄薄的一层，两者之间的界面在很小的区域内迅速产生分子或原子级的交互扩散，同时形成牢固的冶金结合。同步送粉法激光熔覆的原理：用高功率激光束以恒定功率与热粉流同时入射到模具表面上，一部分入射光被反射，另一部分光被吸收，瞬间被吸收的能量超过临界值后，金属熔化产生熔池。然后，快速凝固使得粉末材料与基体形成冶金结合的覆层。预置法激光熔覆的特点是由于粉末间有空隙，不利于激光热传导，并且容易形成裂纹、气孔，影响涂层与基体的冶金结合。同步送粉法激光熔覆的特点是粉末由保护气体带入激光束中，激光直接照射粉末和基体，两者共同熔化形成冶金结合。同步送粉法激光熔覆所需的激光能量低于预置法激光熔覆，涂层与基体冶金结合出现的缺陷概率小，无接触型处理、无污染，能实现自动化、洁净化与柔性加工。

激光熔覆技术是一种无接触点的修复方法，借助于适宜反转的反射镜，可使激光光束指向工件的任何位置。原则上，只要是光束可以到达的地方，特别是内表面的局部（如盲孔的内壁或底部、工件的拐角、复杂的沟槽、深孔或齿轮牙等）都可以进行处理。正因为具有上述技术上的优势，激光熔覆修复技术弥补了传统塑料模具修复技术与激光焊接修复技术的缺陷，顺应了精密修复塑料模具的要求，为塑料模具的精密修复提供了强大的技术支持，必将得到很大的发展。

（5）热喷焊

热喷焊方法是采用氧-乙炔火焰作为热源，通过喷枪将合金粉末加热到熔融或半熔融状态，并以高速喷向预热后的模具表面，形成喷焊层，再将喷焊层加热重熔，如此反复直至喷焊层达到预定的厚度。热喷焊设备一般为氧-乙炔焰喷焊设备，常用于模具修复上的热喷焊合金有Ni基和Co基自熔性合金粉末。因热喷焊层与基体呈冶金结合，满足模具工作条件对表面的要求，修复后模具的寿命可大幅提高。热喷焊模具修复技术的特点如下。

① 喷焊合金为粉末状，不受形状和导电问题的限制，沉积率高。

② 每小时最多可以喷涂10kg，在修复工艺中仅次于电弧修复；可喷焊薄层，也可喷焊厚层。

③ 喷焊层的硬度较堆焊层高，可达到HRC65；稀释率较低，表面精度较高，加工余量小，不易出现气孔、夹渣、咬边、棱角塌陷等缺陷。

④ 对模具的可焊性无要求，可热喷焊修复铸铁模具。

⑤ 设备简单，操作方便，工艺灵活，可对模具进行现场修复，且修复速度快，投资小，运行费用低。

⑥ 热影响较大，对薄壁或尺寸较小的模具存在热变形现象。因此，要求修复的模具为比较大型的模具，待修复表面或型腔形状简单；喷焊的表面积不受限制，修复层厚度小于堆焊修复层。

⑦ 对小孔、深孔的修复存在一定困难。

⑧ 热喷焊前一般需要根据修复的区域大小和模具材料，对模具进行适当的预热、预喷处理，焊后选择合适的冷却工艺。否则，易出现喷焊层剥落、开裂和聚缩等缺陷。

⑨ 喷焊层硬度较高，后续加工时对刀具的要求高。

⑩ 热喷焊工艺操作环境差，有粉尘和噪声。

目前热喷焊技术对损伤深度在3mm以内因磨损、拉伤、裂纹、龟裂、粘接瘤引起的失效模具的修复效果显著，如因磨损失效的拉延模；型面发生磨损的压铸模；产生粘接瘤和拉伤的翻边模、冲裁模；龟裂、氧化、有腐蚀层的热锻模、玻璃模和塑料模等，且这些模具常为大、中型模具，用热喷焊工艺修复后对精度无影响。

(6) 电火花修复

电火花沉积模具修复技术是利用电火花堆焊设备在需修复的模具表面沉积金属，利用电弧放电将电极材料转移并堆积到工件表面。利用电火花技术可在模具失效表面沉积一层特殊合金，不但起到修复作用，还能起到强化作用，主要适用于砂眼、气孔、崩刃等小缺陷的修补。电火花修复的优点如下。

① 焊接层内可实现冶金结合。

② 电火花修复过程采用急冷的方式冷却，硬度高。热输入量及热影响区极小，所以模具无变形、咬边，残余应力很小，不易产生局部退火。焊后一般不再需要重新进行热处理。

③ 堆焊的厚度可以精确控制，堆焊后的加工余量很小，只需用油石修磨并抛光就可达到要求。

由于以上电火花堆焊技术具有的优点和性能，使其可以在修复模具中得到广泛的应用。但因受其原理所限，只能进行磨损表面、磨钝和崩刃等的微量修复，不适宜对模具裂纹、宏观形状改变及大面积损伤进行修复。

(7) 热喷涂修复

热喷涂工艺效率高，喷涂合金为粉末状，不受形状和导电问题的限制，沉积率高。每小时最多可以喷涂10kg，在修复工艺中效率仅次于电弧焊修复；可喷涂薄层，也可喷涂厚层；喷涂层硬度高，可达HRC65；稀释率较低，表面精度较高，加工余量小，不易出现咬边、棱角塌陷等缺陷；对模具的可焊性无要求，可热喷涂修复铸铁模具。但由于粉末合金喷涂预热和熔融，工件受热变形将对精度产生影响，限制了该工艺的使用范围，因此热喷涂最好用于回转表面或形状简单的大中型模具磨损工作面的修复。热喷涂方法中，火焰喷涂设备简单，操作方便，工艺灵活，可对模具进行现场修复，且修复速度快，投资小，运行费用低，比较受到欢迎。目前热喷涂的有效喷涂厚度为薄层0.3~3mm，对因磨损、拉伤、裂纹、龟裂、粘接瘤引起的失效模具的修复效果显著，包括因磨损失效的拉延模，型面发生磨损的压铸模，产生粘接瘤和拉伤的翻边模、冲裁模，龟裂、氧化、有腐蚀层的热锻模、玻璃模和塑料模等。这些模具属于大、中型模具，用热喷涂工艺修复后对精度影响不大。热喷涂前一般需要进行适当的预热、预喷处理，喷涂后需选择合适的冷却工艺，否则易出现喷涂层剥落、开裂和聚缩等缺陷。到目前为止，无论采用哪一种热喷涂方法，由于其用粉末进行有距离喷射的工艺特点，喷涂层具有典型的层状结构，在扁平颗粒之间有氧化物薄膜；涂层中存在孔隙、微裂纹等缺陷，在大摩擦力和拉压循环应力作用下容易剥落，所以常采用喷后重熔等方法提高结合强度。零件的异形部分如果加热不均匀，也会引发起泡剥落现象。喷涂层表面的熔融温度直接影响喷涂层质量，温度过低，喷涂层不能完全熔融，结合不牢，韧性不够，易脱落；温度过高，喷涂层表面易产生气泡，工件边缘部分有收缩现象，组织疏松、强度降低。另外，热喷涂工艺会产生粉尘和噪声，操作环境差，在模具修复过程中还要考虑粉末利用率、厚度控制、非处理面的保护等方面的问题。

（8）电刷镀

电刷镀修复工艺是电镀的一种特殊方法，它是依靠一个与阳极接触的垫或刷提供电镀需要的电解液。电刷镀时，垫或刷在被镀的阴极上移动。

电刷镀工艺的特点如下。

① 镀层性能好，结合优于热喷涂，可满足受静载荷的模具的修复要求，如因磨损、拉伤等浅层失效的拉延模、拉伸模、挤压模、压铸模，修复后无孔隙。

② 镀液种类多，无毒，不污染环境，可回收利用，能适用不同性能的要求。

③ 电刷镀在低温（50℃以下）下进行，沉积速度快，对工件无热影响，不会引起变形；镀前不需进行开槽、打坡口等能引起基体二次损伤的加工。

④ 表面精度高，不产生气孔、夹渣等缺陷，对尺寸的控制能力优于其他模具修复工艺，部分情况下可免除镀后加工。

⑤ 设备小型，轻便灵活，便于移动，成本低，投资小，能源消耗小，工艺简单。可对一些大型、不易搬动的模具进行现场不拆卸修复，大大缩短修复周期，修复费用一般只占工件成本的0.5%~2%，而且修复后表面的耐磨性、硬度、表面粗糙度等不但能达到原来的性能指标，还能起到表面强化的作用。将电刷镀技术应用于模具，可使汽车零件（如曲轴、连杆、齿轮等）的热锻模寿命提高20%~100%。电刷镀也可大幅

度提高冷作模具的寿命。但电刷镀修复自动化程度不高，劳动强度大，不适宜批量修复，且要达到牢固优质的镀层，镀前处理要求高，电镀过程中要保持高质量，对工艺要求也较高，否则容易产生镀层不牢、气泡、剥落等现象。电镀层一般很薄，可用于低深度磨损面的修复和恢复表面粗糙度，但对形状损坏部位难以修复。

电刷镀技术在模具修复方面的发展很快，在工程车辆、航空、机械、电子、建筑、船舶、石油等行业也得到了广泛的应用。常用的电刷镀工艺是电净→活化→打底层→刷镀→镀后处理。随着电刷镀技术的发展，工艺也向复合化方向发展，如与激光技术结合的激光电刷镀，与减摩技术、钎焊技术、离子注入技术、计算机工程、粘涂技术等结合形成复合镀层。例如，用堆焊加电刷镀技术修复一个二手组合（上、中、下三体）模具。该模具约30%的工作表面存在着剥落、划沟、气孔、崩损等缺陷，先用堆焊技术进行打底修复，再用电刷镀强化，模具的性能和尺寸达到了可生产要求，使用3年后，仍能正常工作。

综上所述，几种常用模具修复工艺方法的比较见表2-1。

表2-1 几种常用模具修复工艺方法的比较

修复工艺	设备要求	点修复	面修复	变形	后续加工量	修复效率	结合强度	厚度控制
手工电弧焊	低	√	√	大	多	高	高	难
氩弧焊	中	√	√	大	多	高	高	难
激光熔敷	高	√	√	小	少	高	高	易
热喷焊	中		√	较小	中	高	高	较难
电火花	中	√	√	小	少	低	高	易
热喷涂	中		√	较小	中	高	一般	较难
电刷镀	低		√	小	少	一般	一般	易

2.1.2 模具焊接修复的要求

（1）慎防氢脆

模具钢的焊接区域硬度很高，对于在焊接过程中由于氢的侵入造成的冷裂纹特别敏感。焊接区域对氢脆的敏感性取决于以下因素。

① 焊接区金属的显微组织和钢的硬度。在热影响区和焊接区金属中转变得到的

高硬度显微组织，如马氏体和贝氏体对氢脆特别敏感，这种敏感性可以通过回火得到一定程度的缓和。

② 应力大小。焊接区应力来自三个方面：熔池凝固时的收缩；热影响区和钢基体之间的温度差异；冷却淬火过程中焊接区和热影响区组织转变应力。一般来说，焊接区周围的应力值将达到金属屈服应力，这对于已淬火的模具钢来说实际上是非常高的。对于这种情况，没有任何彻底解决的办法，只能通过焊接位置和焊接顺序等焊接设计加以改善。如果焊接区不幸受到大量氢侵入，即使降低应力，也无济于事。

③ 焊接时氢的溶解量。焊接区对冷裂的敏感性取决于氢的溶解量。通过预防，在焊接时侵入的氢含量能明显下降。预防措施包括：有焊条皮的焊条，一旦打开包装盒，就应该始终存放在加热的储存箱或加热容器内；焊接区周围的表面脏物，如油、手印、油漆是氢的来源，因此焊接前应对焊接区周围进行磨削去除脏物；如果用火焰预热，此时火焰不能直接烧到模具表面，以免产生一层水汽，带来氢的侵入。

（2）高温焊接

高温下焊接模具钢的主要原因是模具钢高的淬透性容易引起焊接区和热影响区的开裂敏感性。冷作模具钢的焊接会引起在焊缝间焊接区和热影响区的迅速冷却，随之产生较脆的马氏体组织而带来开裂的危险。如在常温下焊接，在焊接区产生的裂纹会穿过整个模具导致完全开裂。因此，模具在焊接时应保持在M_s温度以上50~100℃，严格来说是焊接区金属的M_s温度以上，可能与钢基体的不相等。

在某些情况下，钢基体完全淬透并在低于M_s温度回火。因此，焊接时预热模具会引起硬度下降。如大多数低温回火冷作模具钢不得不被预热到超过回火的温度，回火温度通常在200℃左右。为了进行适当的预热，减轻焊接时开裂的危险性，钢材的硬度一定会下降。预热适当的模具在多层焊接时，焊接区的大部分在焊接过程中保持在奥氏体状态并随模具的冷却而缓慢转变，与单层焊时每焊一次马氏体转变一次相比，多层焊确保了整个焊接区均匀的硬度和显微组织，单层焊有开裂的危险。

综上所述，很明显，整个焊接过程应在模具热的时候完成。不推荐先焊一部分让模具冷却下来然后继续预热来完成整个模具的焊接，因为这样有相当大开裂的危险。虽然在炉内预热模具是可行的，但温度有可能不均匀（产生应力）并会在完成焊接前造成过度冷却（特别是小型模具）。焊接时，在所需温度下预热和保持模具温度的最好方法是使用在箱壁内有电热元件的绝缘盒，炉内预热模具的焊接金属硬度的波动比绝缘盒内预热模具大得多。

（3）焊接步骤

除了在焊补区的准备，实际的焊补操作及焊后的适当热处理过程中应特别细心，否则即便使用最好的设备，选用最合适的焊料，模具钢也不易焊接成功。

① 焊补区的准备。细心的接口准备非常重要，应该磨去裂纹以使接口与垂直方向至少成30°角的斜坡。接口底部的宽度至少1mm，应比所用的最大焊条直径大。热

作模具钢的侵蚀和热龟裂部分应完全磨掉。模具焊接区周围的表面和接口本身的表面必须彻底加以磨削。在焊接开始前，有关的表面都应用渗透剂检验以确保所有的缺陷已完全去除。一旦接口准备完成，模具应马上焊接，否则接口表面有被灰尘、污物或水汽污染的危险。

② 焊补区的形成。用适当的多层焊，先在接口表面焊接。这最初的一层应用小直径的手工焊焊条来完成（直径≤3.5mm）或用TIG焊接（最大电流120A）。第二层用和第一层同样直径的焊条和电流焊接，以免热影响区太大。这样，第一层焊接热影响区形成的硬而脆的显微组织都被第二层焊接产生的热量所回火，从而降低开裂的倾向。接口的剩余部分能用较高的电流和较大直径的焊条焊接。最后的几层应超出模具钢的表面。即使小的焊接区，至少也应以两层焊接。磨去最后超出表面的部分。焊接时电弧应较短，焊缝叠层层次应清楚。焊条应与接口边表面成90°角以便减小咬边。另外，焊条应与向前移动方向保持75°~80°的夹角。在模具冷却下来前，应仔细清理和检查这个焊接区。点弧伤处和咬边之类的任何缺陷都应马上处理。模具冷却下来，才能磨削焊接区表面与四周的平面一致，然后进行下道工序。对于需要抛光或光蚀刻花的模具，最后几层应用TIG焊接，这样在焊接区很少可能产生气孔或夹渣。

③ 焊接后热处理。焊接后要根据模具钢的预先热处理情况进行下列热处理。

a. 回火。焊前已全部淬透的模具焊后应进行回火。回火改善了焊接区金属的韧性，当焊接区金属在使用过程中产生高应力时，韧性的改善显得特别重要（如冷作和热作模具钢）。回火温度应使焊接区金属和钢基体硬度一致。但当焊接区金属比钢基体有更好的抗回火性时（如用QRO90焊条焊补8407），在保证钢基体硬度的同时，应尽可能提高回火温度（一般比前一次回火温度低20℃）。非常小的焊补，不需要焊后回火，情况许可下，尽可能进行回火。

b. 软性退火。在软性退火状态下的模具制作过程中，由于设计的改变或机加工错误要进行焊接的模具，在焊接后需进行热处理。既然焊接后的冷却过程中焊接区金属会被淬硬，就很希望在模具的淬火和回火前对焊接区进行软性退火，也包括钢基体一起进行软性退火。然后焊接区可进行机械加工，以及整个模具的精加工并进行常规的热处理。然而，即使模具仅需焊接后对焊接区进行磨削精加工，为了避免在热处理时产生开裂，也需先软性退火。

c. 消除应力。焊接后进行除应力处理是为了降低残余应力。对于非常大的或者是复杂的焊接区，这是一个重要的预防措施。如果焊接后要回火或软性退火，那么通常不需要除应力处理。然而对于预硬模具钢，如用718焊条或718氩弧焊丝焊接后，因为通常不再进行其他热处理，所以应进行除应力处理。除应力处理温度必须选在钢基体和焊接区金属在除应力时不会软化的温度，如用718焊后需要进行机械加工，为了保证模具尺寸的稳定性，除应力处理是绝对需要的。非常小的焊补和焊接通常不需要除应力处理。

2.2 模具修复和强化所用的材料

2.2.1 模具修复材料的性能要求

(1) 焊条(填充金属)的化学成分

焊条(填充金属)的化学成分、被焊材料(钢基体)的化学成分和焊接时钢基体的熔化程度决定了焊缝区的化学成分。焊条或焊丝应很容易和熔融钢基体结合,产生下面这种理想的焊缝区。

① 均匀的化学成分、硬度和易于热处理。

② 无非金属夹杂物、气孔和裂纹。

③ 满足模具应用方面的性能。

因为模具钢焊接区有较高的硬度,所以特别容易在夹杂物粒子或微孔处产生裂纹。因此所选用的焊条或焊丝应能使焊缝区得到较高的质量。同样,焊条或焊丝必须有严格的化学成分控制,这样每次焊接后材料的硬度都可通过相应的热处理来加以调整。如果模具在焊接后要抛光或光蚀刻花,那么高质量的填充金属更是必不可少的。一般来说,用于焊接模具钢的焊接材料的化学成分应和钢基体材料相似。在退火状态下焊接时,如模具在制造过程中需要拼接,那么填充金属必须和钢基体具有相同的热处理特性,否则成品模具焊接区将有不同的硬度。填充金属和钢基体成分差别越多,淬火开裂的危险越大。对于不同的应用,焊接区金属需要不同的性能。在三类模具钢中(即冷作模具钢、热作模具钢和塑料模具钢),焊接区金属需具备以下性能。

冷作模具钢:硬度、韧性和耐磨性。

热作模具钢:硬度、抗回火性、韧性和耐磨性和抗热龟裂性。

塑料模具钢:硬度、耐磨性、抛光性能和光蚀刻花性能。

(2) 焊条(填充金属)的性能要求

① 硬度。如果模具在淬火+回火后焊接,那么焊接后焊接区应有和钢基体一样的硬度。在这种情况下,即使没有紧接着的回火,焊接区受到的影响也很小。

② 抗回火性。如果模具在焊接后(退火状态的钢基体)进行热处理,那么焊接区金属淬火和回火后的性能应和基体钢的性能相似,以使基体金属和焊接区获得同样的硬度。

③ 韧性。尽管所焊接的模具焊接区金属处于铸造状态,但是由于快速凝固,焊区组织精细,因而韧性好。一般来说,焊接区的金属韧性在后续的热处理中会进一步提高。因此对于完全淬透的模具的较大焊补,即使焊后焊接区和基体硬度一致,也应

表2-2 卡斯特林模具焊补材料

牌号	成分	性能	应用领域	用途	使用方法	特性	备注
CastoTIG 6055	18Ni钢中含Co、Mo的马氏体时效钢	抗氧化性强、韧性好	广泛用于各种模具堆焊	最适合塑料模具、压铸模具、热作锻造模具、冷作冲压模具、热作挤压模具、高压化工设备等装置部件的焊接、堆焊。淬火前，作为各种模具打底焊接材料	清洗母材、除油、除锈，一般不需预热。形状复杂、易产生裂纹或多层堆焊，根据母材适当预热。多层焊时，每层锤击，消除应力，可防止裂纹	焊接状态硬度为HRC31，机械加工性好，热处理按（500℃，2h）时效理，硬度可达HRC53，高硬度、强韧性	
CastoTIG 6055H	与CastoTIG相同类型TIG焊丝		广泛用于各种模具（塑料、压铸、冲压等）	最适合塑料模具、压铸模具、热作锻造模具、冷作冲压棋具、热作挤压模具、高压化工设备等装置部件的焊接、堆焊，与CastoTIG6055相同，淬火前，作为各种模具打底材料	清洗焊接部，除锈、除油。一般不需预热，形状复杂、易产生裂纹或多层堆焊时，根据母材适当预热。多层焊时，每层锤击，消除应力防止裂纹	焊态硬度为HRC33，机械加工性能好，热处理（500℃，2）后，时效硬化硬度可达HRC57，高硬度、强韧性	按最终硬度要求决定使用方式
CastoTIG 6800		机械加工性良好、耐热性、耐蚀性极好	镍合金及各种钢材用TIG焊丝	用于锻模、滑块、铸勺等高温部件。从常温至高温，对氧化酸、混合酸、盐类均具有良好的抗蚀作用	焊接磨损部位时，应除去疲劳金属，一般不需预热。要避免过热，选择合适电流。控制层间焊接温度，高温模具裂纹补焊必须开90°坡口	力学性能、耐热性、耐蚀性好，含碳量低、韧性好、良好的高温承静载及交变载荷能力，具有加工硬化性	

续表

牌号	成分	性能	应用领域	用途	使用方法	特性	备注
CastoTIG 5HSS		高硬度、耐热性	工具钢、模具、合金钢等硬面堆焊用TIG焊丝	用于剪切刀、热拔模具切断、切削、冲孔部位的堆焊，刀片刃口、钻头等磨损部位的堆焊	清洗母材，除去污物、少量堆焊时不需预热，形状复杂易产生裂纹及多层堆焊，以及淬火态母材堆焊时，适当加热（200~500℃）。焊接时尽量锤击，减小应力防止裂纹。焊后缓冷。建议用CastoTIG2222或CastoTIG680打底，可提高抗冲击性能及强度	是专利产品，焊态硬度可保持高至590℃，焊态硬度为HRC60~62。工作温度超过600℃时，硬度不降低	
CastoTIG 66			SA5C~S55C钢塑料模具堆焊用焊丝最适合皮纹加工、镜面加工部件焊接	用于低碳素钢-高碳素钢、低合金钢及可焊性差钢的高强度TIG焊丝。可用于预硬钢堆焊，适合塑料模具皮纹加工、镜面加工部件焊接，电镀性能好	清洁母材，除污。S45C~S55C钢塑料模具堆焊，特别是部件焊接时，预热至250℃施焊，焊后400℃回火均温处理，可防止皮纹不均、镜面不匀现象。其他情况下一般不需预热	韧性及致密性好，裂纹少、X射线检查微观组织良好，最适合要求焊接强度情况	保证焊接强度

续表

牌号	成分	性能	应用领域	用途	使用方法	特性	备注
CastoTIGN 224	由高Ni特殊成分组成	机械加工性能好	万能型焊丝，适合所有件焊接及堆焊	铁素体、铁素体-渗碳体型等所有铸铁的焊接、堆焊、填孔、与钢焊接及泵、阀、机械底座、电机座缺损、裂纹的修补，特别适合要求机械加工工件的焊接	清洗焊接部位，除油、除锈、除污物，浸油母材采用烘烤方法除油（也有预热作用）。通常状态下不需预热，结构复杂和易产生裂纹的零件或淬火铸铁必须预热至250℃，多层堆焊要锤击，去除应力，防止裂纹	致密性良好，无气孔，综合力学性能好，既适合铁模具堆焊，又有其他广泛用途	
CastoTIG 501	与合金工具钢SKD-11成分相似		硬化堆焊TIG焊丝，淬火硬化性好	SKD-11冷拔模具、冲压模具热处理之前焊接，机械加工、精加工之后热处理，硬度与母材相等（HRC58~60），耐磨性良好	清洗母材，除去污物，少量堆焊时不需预热，焊后加热至150℃回火，塑料模具焊后加热至500℃，缓冷以防止裂纹，不加热时，使用具有CastoTIG6055打底效果。淬火温度为1050℃，空冷	焊接时，焊态金属硬度HRC40，加工性能好，淬火硬度为HRC58~60，耐磨性与母材相同	冲压模具可淬火前焊接，焊后可热处理
CastoTIG 503	与合金工具钢SKD-3成分相似		硬化堆焊用焊丝，具有良好的淬火硬化性能	SKS-3钢淬火前使用，机械加工、精加工完毕后热处理，具有高硬度，良好的耐磨性。工具钢制造的模具和零件淬火前焊接、堆焊	清洗母材，除污物，少量堆焊时不需预热，焊后加热至150℃回火，多层堆焊预热至300℃，焊后加热至150~200℃回火，锤击、消除应力，缓冷，防止裂纹	焊接时，焊态金属硬度HRC40，机械加工性能好，淬火后硬度为HRC56~60，耐磨性与母材相同	冲压模具淬火前使用，焊后热处理

续表

牌号	成分	性能	应用领域	用途	使用方法	特性	备注
CastoTIG 504	低合金钢(Mo钢、CrMo钢)焊丝	强度高、韧性好、耐热性好	适合塑料模具堆焊	锅炉管、化工、石油加工业等低合金钢及高锰钢的焊接。可作为塑料模具钢、大同特殊钢(PDS-3,PDS-5)、日立金属(HPM-2),HPM-17钢的TIG焊丝使用	清洗母材,除油、除锈、除污。少量堆焊不需预热;多层堆焊、热处理时,需预热至300℃,焊后加热至400℃回火。退火工艺为加热至700℃,缓冷。焊接时,根据母材厚度开坡口	与Cr、Mo钢热处理条件相同,调质处理能得到与母材相同的强度及韧性	
CastoTIG 505H	与NAK-55和NAK-80、HPM-1成分相似		析出硬化系Ti焊丝,用于塑料模具的焊接 最适合皮纹加工及镜面加工	塑料模具、大同特殊钢(NAK-55,NAK-80)、日立金属(HPM-1)、住友金属(SMS-100)等相同材料的堆焊焊丝。最适合皮纹加工、镜面加工零件的焊接和堆焊	清洗焊接部件,除污物,塑料模具焊接,特别是皮纹加工必须预热及焊后加热回火。易削钢系母材,注意焊接操作。通常预热至200℃,特殊部位预热至400℃,焊后加热至500℃回火	焊态硬度为HRC40,刚性好,能得到致密组织,均一皮加工面及镜面	
CastoTIG 506	与合金工具钢 SKD-61成分相同	硬面堆焊焊丝,良好的耐热、耐磨损、耐冲击性		各种模具钢(冷冲模、压铸模、锻模等)硬面焊接,能进行热处理	清洗母材,除污。少量堆焊不需预热,形状复杂易产生裂纹部件或多层堆焊时,需预热至450℃。不预热时,热处理前,CastoTIG6055打底;热处理后,CastoTIG680或CastoTIG2222打底。然后加热至500℃(回火)。焊接后处于淬火状态,机械加工比较困难	高硬度、韧性好(可用于厚板剪切、冲头),耐热性、耐冲击性好	能进行热处理

续表

牌号	成分	性能	应用领域	用途	使用方法	特性	备注
CastoTIG 508		所有钢材、铸件堆焊刃口，耐磨性好，良好的耐蚀性硬面堆焊	冷冲模堆焊及堆焊刃口	冷冲模刃口及R部位高硬度要求部位的焊接，硬度达HRC50~55，适用于钢材和铸铁堆焊，堆焊铸件时，可不用镍系打底，直接堆焊、焊接	清洗母材，除油、除锈、除污物，淬火后的钢模的刃口少量堆焊时，一般不预热。形状复杂、易产生裂纹或多层堆焊时，需预热，锤击防裂。铸铁上少量堆焊可以不预热，淬火铸件、易裂纹部件，预热250℃，锤击。具有空淬性，要选择适当电流	一般堆焊刃口，提高装置、部件的耐磨性，广泛的用于钢、铸铁的硬化堆焊，耐蚀性好	
CastoTIG 566			适于所有件的TIG焊丝，可用于铸铁模具刃口堆焊	铁素体、铁素体+渗碳体铁模具刃口焊接，铸铁硬面堆焊，大幅度提高耐磨性。堆焊钢材达到高硬度	清洗焊接部位，除锈、除油、除杂质，铸铁堆焊刃口2~3层，底层电流为70~80A、2~3层电流为50~60A。为获得高硬度，要250℃预热，每层要锤击，防止裂纹，注意堆焊4层以上时，堆焊硬度会降低	各种铸铁外角堆焊，硬度高，机加工困难	铸件外角堆焊，硬度为HRC58
CastoTIG 580	与NKA-80成分相似		析出硬化系TIG焊丝，用于塑料模具。最适合皮纹加工、镜面加工	塑料模具钢、大同特殊钢（NAK-55、NAK-80）、日立金属（HPM-1）、住友金属（SHS-100）等相同材料堆焊焊丝。最适合皮纹加工、镜面加工零件的焊接和堆焊	清洁母材，除油污。焊接塑料模具时，特别是焊接皮纹加工、镜面加工时，必须预热及焊后加热回火。通常预热温度为200℃，防止二次硬化要预热至400℃，焊后也要加热保温	焊态硬度为HRC40，切削性好，能得到致密组织，均一皮纹加工面及镜面	

续表

牌号	成分	性能	应用领域	用途	使用方法	特性	备注
Casto TIG 680		高强度（84kgf/mm²,约823MPa）TIG焊丝	适合异种材料焊接,裂纹焊补,淬火材料焊接	低、中、高碳素钢,低、中、高合金钢用高强度焊丝,良好抗裂性合金,适合切削钢、材料不明钢的焊接。可作为表面硬化堆焊过渡材料打底使用	清洁焊接部,除锈、除油、除污物,大件开90°坡口,一般不需预热,高合金钢预热200℃,锤击防止裂纹。多层焊时，CastoTIG608 堆 2~3 层后，堆 CastoTIG6055 1~2层,反复进行,提高强度和稳定性,淬火前,用TIG6055打底	含高Cr、Ni特殊成分,具有良好的抗拉强度、耐裂性。优异的机加工性、耐蚀性、耐热性	万能焊丝,使用范围广
CastoTIG 2222	Ni基高温合金	高强度、低屈服点、线胀系数与钢近似,焊后残余应力小,有更好的抗裂纹作用	用于裂纹、掉块打底使用,降低残余应力	CastoTIG 2222也适合热作模具在高温下使用,属于一种全能的王牌钢种			万能焊丝,使用范围广

焊后回火。对于硬度要求非常高的冷作钢，可以先焊一层较软的填充金属，然后在模具工作面用较硬的焊条或焊丝进行最终焊接。相对于完全用较硬的焊料焊接，这种方法焊后具有更高韧性。

④ 耐磨性。就像模具钢一样，焊接金属的耐磨性也随着其硬度和合金元素含量的提高而提高。

⑤ 抗热龟裂性。热作模具钢的焊接区由于较差的高温强度、抗回火性或韧性（延展性），热龟裂出现得通常比钢基体早。然而如果焊料能使焊接区金属具有较好的高温强度、高温硬度，那么抗热龟裂性可能和基体金属相等甚至超过基体金属。

⑥ 抛光性能。塑料模具焊接后如果需要抛光，焊接区金属的成分和硬度一定不要和基体有很大的差异，否则，焊接区的轮廓在抛光后不仅看得见，而且会在塑料零件上留下可见痕迹。要使抛光后完全看不出焊接区痕迹，通常采用同牌号焊料焊补同牌号钢，同时要有相对应的正确焊接步骤。

⑦ 光蚀刻花性能（皮纹性）。要使塑料模具表面通过光蚀刻花产生皮纹，焊接区金属和钢基体的化学成分必须相似。否则，光蚀刻花后在焊接区和基体金属间将产生差异，导致塑料制品上有可见的痕迹。通常采用同牌号焊料焊补同牌号钢，如果焊接方法合适，在光蚀刻花后一般分辨不出焊接区。

2.2.2 模具专用焊补材料

（1）卡斯特林模具焊补材料（表2-2）

（2）ASSAB模具焊补材料

① ASSAB冷作模具钢修复焊料（表2-3）。

表2-3 ASSAB冷作模具钢修复焊料

<table>
<tr><th>ASSAB模具钢</th><th>状态</th><th>焊接方法</th><th>焊料</th><th>预热温度</th><th>焊补后硬度</th><th>备注</th></tr>
<tr><td>DF-2
DF-3</td><td>淬火</td><td>MMA</td><td rowspan="3">AWS E312
ESAB OK 84.52
UPT 67S
Castolin 2
Castolin N 102</td><td>200~250℃</td><td rowspan="3">HB 300
HRC 53~54
HRC 55~58
HRC 54~60
HRC 54~60</td><td rowspan="3">最初几层用较软金属焊接。最后几层选用有适当硬度的焊条。635H的工具，小的焊补可在室温下进行</td></tr>
<tr><td>XW-10</td><td>淬火</td><td>MMA</td><td>200~250℃</td></tr>
<tr><td>VIKING</td><td>淬火</td><td>MMA</td><td>200~250℃</td></tr>
</table>

续表

ASSAB 模具钢	状态	焊接方法	焊料	预热温度	焊补后硬度	备注
XW-41 XW-42	淬火	MMA	Inconel 625 UPT 67S	200~250℃	HB 280 HRC 55~58	最初几层用较软金属焊接。最后几层选用有适当硬度的焊条。635H的工具，小的焊补可在室温下进行
XW-5	淬火	MMA	Castolin 2 Castolin 6	200~250℃	HRC 56~60 HRC 59~61	
VANA- DIS 4	淬火	MMA	Inconel 625 Castolin 6	200~250℃	HB 280 HRC 59~61	
635H	预硬	MMA	63/CARMO WELD 635/635焊条	200~250℃	HRC 59~62	
635		MMA/TIG	见表2-5			
DF-2 DF-3	淬火	TIG	AWS ER312 UTPA 67S UTPA 73G2 CastoTIG 5	200~250℃	HB 300 HRC 55~58 HRC 53~56 HRC 60~64	
XW-10	淬火	TIG		200~250℃		
VIKING	淬火	TIG		200~250℃		
XW-41 XW-42	淬火	TIG	Inconel 625 UPTA 73G2 UTPA 67S CastoTIG 5 UTPA 696	200~250℃	HB 280 HRC 53~56 HRC 55~58 HRC 60~64 HRC 64~64	UTPA 696和CastoTIG 5不应用于超过四层的焊接（有开裂危险）
XW-5	淬火	TIG		200~250℃		
VANA- DIS 4	淬火	TIG	Inconel 625 UPTA 73G2 UTPA 696 CastoTIG 5	200~250℃	HB 280 HRC 53~56 HRC 60~64 HRC 60~64	
635H	预硬	TIG	635/635H TIG 焊丝	200~250℃	HRC 58~61	

② 热作模具钢修复焊料（表2-4）。

表2-4 ASSAB热作模具钢修复焊料

ASSAB模具钢	状态	焊接方法	焊条	预热温度	焊补后硬度	热处理	备注
VIDAR SU-PERME	软性退火	MMA TIG	QRO90焊条 QRO90TIG焊丝	最小325℃	HRC48~51	软性退火	热处理资料请参阅有关的《钢材手册》
8407 SU-PERME	软性退火	MMA TIG	QRO90焊条 QRO90TIG焊丝	最小325℃	HRC48~51	软性退火	
QRO90 SU-PERME	软性退火	MMA TIG	QRO90焊条 QRO90TIG焊丝	最小325℃	HRC48~51	软性退火	
ALVAR 14	预硬	MMA TIG	UTP 73G4 ESAB OK 83.28 UTPA 73G4 ESAB OK Tigrod13.22	225~275℃	HB340~390	—	大的焊补需进行除应力处理
VIDAR SU-PERME	淬火	MMA TIG	QRO90焊条 QRO90TIG焊丝	最小325℃	HRC48~51	回火	低于先前回火温度10~20℃回火
8407 SU-PERME	淬火	MMA TIG	QRO90焊条 QRO90TIG焊丝	最小325℃	HRC48~51	回火	
QRO90 SU-PERME	淬火	MMA TIG	QRO90焊条 QRO90TIG焊丝	最小325℃	HRC48~51	回火	

③ 塑料模具钢修复焊料（表2-5）。

⊡ 表2-5 ASSAB塑料模具钢修复焊料

ASSAB模具钢	状态	焊接方法	焊条	预热温度	焊补后硬度	热处理	备注
S-136	软性退火	MMA	S-136焊条	200~250℃	HRC54~56	软性退火	热处理资料请参阅S-136《钢材手册》
S-136	淬火	MMA	S-136焊条	200~250℃	HRC54~56	回火	回火温度200~250℃
S-136	淬火	TIG	S-136焊丝	200~250℃	HRC54~56	软性退火	回火温度200~250℃
718 618	预硬	MMA TIG	718焊条 718焊丝	200~250℃	HB320~350	—	大的焊补需进行除应力处理
168S	预硬	MMA TIG	S-136焊条 S-136焊丝	200~250℃	HRC54~56	回火	回火温度590~630℃
007	预硬	MMA TIG	718焊条 718焊丝	150~200℃	HB320~350	—	大的焊补需进行除应力处理
ELMAX	淬火	MMA	Inconel 625 UTP 701	250~300℃	280HB 大约56HRC	200℃ 回火	由于易开裂一般应避免ELMAX焊接
ELMAX	预硬	TIG	UTP 701	250~300℃	大约56HRC	200℃ 回火	由于易开裂一般应避免ELMAX焊接
635	软性退火	MMA	635/635H焊条	200~250℃	HRC59~62	软性退火	见ASSAB手册
635	软性退火	TIG	635/635H焊丝	200~250℃	HRC58~61	软性退火	见ASSAB手册
635	淬火	MMA	635/635H焊条	180~250℃	HRC59~62	回火	与ASSAB办事处联络
635	淬火	TIG	635/635H焊丝	180~250℃	HRC58~61	回火	与ASSAB办事处联络

2.2.3 模具钢自带修复材料（表2-6）

⊡ 表2-6 日本大同模具钢修复焊料

大同牌号	应用	特性	ISO	JIS	AWS
DS1	工业机械、汽车、车辆、桥梁、造船	用大电流焊接厚板最常用的焊丝	14341-A G46 0 C G0 14341-B G49A 0U C G11	Z3312 YGW11	A5.18 ER70S-G*
DS1SP	桥梁、工业机械、建筑机械、容器制造、车辆	用大电流焊接	14341-A G46 0 C G0 14341-B G49A 0U C G11	Z3312 YGW11	A5.18 ER70S-G*
DS1A	汽车、车辆、电力设备、工业机械、管道	厚板焊接和CO_2全位置保护焊最常用的焊丝	14341-A G46 0 C G0 14341-B G49A 0U C G12	Z3312 YGW12	A5.18 ER70S-6*
DS1C	汽车、摩托车、电力设备、工业机械	脱渣性优异的实芯焊丝	14341-A G42 0 C G0 14341-B G49A 0U C G0	Z3312 G49A0C0	A5.18 ER70S-G*
DD50S	汽车、车辆、工业机械、化工机械、电力设备	氩气或CO_2保护大电流焊接厚板最适当的焊丝	14341-A G46 2 M G0 14341-B G49A 2U M G15	Z3312 YGW15	A5.18 ER70S-G*
DD50A	汽车、车辆、电力设备、工业机械、管道	薄板焊接和氩气或CO_2全位置保护焊最常用的焊丝	14341-A G42 2 M G0 14341-B G49A 2U M G16	Z3312 YGW16	A5.18 ER70S-4*

续表

大同牌号	应用	特性	ISO	JIS	AWS
DD50	汽车、电力、工模具、管道	适于焊后切断焊道的焊丝	14341-A G42 2 M G0 14341-B G49A 2U M G16	Z3312 YGW16	A5.18 ER70S-3*
DS60	建筑机械、工业机械、桥梁、压力容器	用于焊接拉伸强度为570~690MPa 的高强钢；用大电流焊接厚板最适用的焊丝	16834-A G62 2 C Z 16834-B G69A 2U C N1M2T	Z3312 G69A2UC N1M2T	A5.28 ER80S-G*
DS60A	建筑机械、压力容器、钢梁	用于焊接拉伸强度为 570MPa 的高强钢；用低电流焊接薄板最适用的焊丝	14341-A G50 0 C G0 14341-B G57A 0U C G3M1	Z3312 G59JA1U C3M1T	A5.28 ER100S-G
DS80	建筑机械、液压油管、水工建筑	用于焊接拉伸强度为780~880MPa 的高强钢	16834-A G69 2 C Z 16834-B G78A 2U C N5M3T	Z3312 G78A2UC N5M3T	A5.28 ER110S-G*
DD50Z	MAG脉冲焊接汽车镀锌钢板、搭接角焊缝、对接接头	减少氩气或CO_2保护焊接的缺陷和飞溅	14341-A G42 2 M G0 14341-B G49A 2U M G17	Z3312 YGW17	
WT1G	汽车和摩托车、车间、化学容器等的排气零件	使用专门涂敷涂层的创新钛合金 MIG 焊丝I	24034 - S Ti 0100	Z3331 YTW270*	A5.16 ER Ti-1*
WT2G	汽车和摩托车、车间、化学容器等的排气零件	使用专门涂敷涂层的创新钛合金MIG焊丝I	24034 - S Ti 0120	Z3331 YTW340*	A5.16 ER Ti-2*

续表

大同牌号	应用	特性	ISO	JIS	AWS
WT3G	汽车和摩托车、车间、化学容器等的排气零件	使用专门涂敷涂层的创新钛合金MIG焊丝I	24034 - S Ti 0125	Z3331 YTW480*	A5.16 ER Ti-3*
WAT5G	钛合金(6AI-4V)对接接头盒角焊缝焊接	使用专门涂敷涂层的创新钛合金MIG焊丝I	24034 - S Ti 6400	Z3331 YTAW6400*	A5.16 ER Ti-
WSR42K	用于MIG和脉冲MIG焊接	脉冲MIG焊接铁素体不锈钢最常用的焊丝	—	—	—
WSR42KM	用于MIG和脉冲MIG焊接	高温拉伸强度好	—	—	—
WSR35K	用于MIG和脉冲MIG焊接	耐腐蚀性改善	—	—	—
WSR43KNb	用于MIG和脉冲 MIG焊接，以及MAG和脉冲MAG焊接	高Nb实芯焊丝和金属芯焊丝，用氩气或CO_2保护焊接，具有优异的耐腐蚀性能，低开裂敏感性	— — —	— — —	— — —

*：代表不同的数字。

2.2.4 铸铁堆焊材料

铸铁主要的焊接方法有气焊和电弧焊，常用的焊接材料见表2-7。焊料的选择要根据焊接位置和顾客要求而定。

表2-7 铸铁焊接材料

类型	焊条型号	焊芯	药皮	牌号	特点
铁基焊条	灰口铸铁焊条(EZC)	碳钢芯	强石墨化型		药皮中加入了适量的石墨化元素，在焊接过程中缓慢冷却可形成灰口铸铁，冷却较快易形成白口，连续施焊，焊后需保温

续表

类型	焊条型号	焊芯	药皮	牌号	特点
铁基焊条	灰口铸铁焊条(EZC)	铸铁芯	强石墨化型	Z208、Z248	采用石墨化元素较多的铸铁浇铸而成,不预热焊接时基本可以避免白口产生,易产生裂纹。一般冷焊选用C、Si含量较高焊条,热焊选用C、Si含量较低焊条
	铁基球墨铸铁焊条(EZCQ)	钢芯或铸铁芯	强石墨化型	Z238SnCu、Z258、Z268	药皮中加入球化剂,焊接过程中可使石墨呈球状析出,由于焊缝为球铁,可承受较高的残余应力而不产生裂纹
镍基焊条	纯镍铸铁焊条(ENi)	镍	强石墨化型	Z308	可冷焊、可热焊,抗裂性强,机械加工性能好,可用于薄壁件及加工面的修复
镍基焊条	镍铁铸铁焊条(ENiFe)	镍铁合金	强石墨化型	UTP86FN、Z408、Z438	强度较高,塑性好,抗裂性优良,与母材融合好,可用于重要灰口铸铁和球铁修复
	镍铜铸铁焊条(ENiCu)	镍铜合金	强石墨化型	Z508	用于对强度要求不高,而对塑性有要求的铸件修复
	镍铁铜铸铁焊条(ENiFe-Cu)	镍铁铜合金	强石墨化型	Z408A	与ENiFe焊条性能相似
TIG焊丝	灰口铸铁焊丝(RZC)	灰口铸铁			适用于中小薄壁件的修复
	合金铸铁焊丝(RZCH)	合金铸铁			加入合金元素,性能与RZC相似
	球墨铸铁焊丝(RZCQ)	球墨铸铁			加入一定的球化剂,具有良好的塑性和韧性
				CastoTIG224	主要用于补焊高质量铸铁零件,对于防止焊接咬边是必备焊料

冷作模具的修复和强化技术

3.1 冷作模具材料

目前，我国常用的冷作模具钢是CrWMn低合金工具钢和Cr12MoV、Cr12高碳高铬工具钢等钢材。CrWMn钢具有适当的淬透性和耐磨性，热处理畸变小，但锻后需较严格地控制冷速，否则易形成网状碳化物，导致模具在使用中崩刃和开裂。高碳高铬工具钢具有高的耐磨性，但其碳化物偏析较严重，特别是在规格尺寸较大时，反复镦拔收效不大，导致变形的方向性和强韧性降低。1981年，我国引入国际通用的D2（Cr12Mo1V1）高碳高铬工具钢，与Cr12MoV钢相比，D2钢的碳化物偏析略有改善，强度与韧性稍有提高，模具的使用寿命也有不同程度的提高。高速钢有更高的耐磨性和强度，常用于制作模具，但其韧性不能满足复杂、大型和受冲击负荷大的模具的需要。为了改善这类钢的强韧性，国内外开发了一些新的冷作模具钢。

3.1.1 低合金冷作模具钢

低合金冷作模具钢的主要特点是工艺性好，淬火温度低，热处理畸变小，强韧性好，并具有适当的耐磨性。在钢中加铬或锰可提高淬透性，并使钢在淬火和低温回火后保留一定量的残留奥氏体，减少畸变；加入硅或镍可使基体强韧化，并提高回火抗力，在相同硬度下，比其他同类钢具有更高的强韧性；加入钼或钒可细化晶粒。DS钢是一种高韧性耐冲击冷作模具钢，主要用于制作耐冲击的剪切、冲压、冲孔等模具，它有高的使用寿命。DS钢经900℃淬火和200℃回火后有高的强韧性，特别是冲击韧性高，显著优于常用的高韧性刀片用6CrW2Si工具钢。G04和ACD37为空冷微变形钢，具有高的淬透性，热处理工艺简便，只需低温加热、空冷淬火和低温回火，可获得HRC60~62，有较好的耐磨性和韧性。

3.1.2 火焰淬火钢

目前国外（主要是日本在汽车等生产线上用的模具零件），部分采用火焰表面淬火工艺，并研制出一些主要供火焰表面淬火用的冷作模具钢，如爱知制钢的SX105V、SX4、SX5，大同特殊钢的G05，日立金属的HMD-1和HMD-5；瑞典开发的ASS-AB635也是一种可进行火焰淬火的冷作模具钢。我国研制了一种与日本SX105V成分相似的火焰淬火钢7CrSiMnMoV（简称CH钢）。火焰淬火钢具有较宽的淬火温度范围（100~250℃）、良好的淬透性、强韧性和耐磨性。火焰淬火时应加热模具刃口切料面，淬火前模具一般经180~200℃预热1~1.5h，再用喷枪加热至900~1000℃，可用火焰加热回火。淬火后硬度一般在60HRC以上，可得到厚度在1.5mm以上的淬硬层，畸变量一般只有0.02%~0.05%，硬化层下又有一个高韧性的基体做衬垫，在工作过程中刃口不易发生开裂、崩刃等现象，表层还有一定的压应力，从而使模具获得较高的使用寿命。

3.1.3 基体钢

基体钢一般是指成分与高速钢淬火组织中基体化学成分相同的钢。美国在20世纪70年代初研究的Vasco MA、Vasco Matrix I基体钢，相当于M2和M36高速钢的基体。日本近年开发的基体钢有MH85（大同）、YXR33（日立）。我国也研制了一些基体钢，如65Cr4W3Mo2VNb（简称65Nb）钢、65W8Cr4VTi（简称LM1）钢、65Cr5Mo3W2VSiTi（简称LM2）钢。我国开发的几种基体钢的主要成分相当于高速钢淬火组织中的基体，但含碳量稍高于基体的含碳量，以增加一次碳化物量和提高耐磨性，此外还加入少量的强碳化物形成元素铌或钛，以形成比较稳定的碳化物，阻止淬火加热时晶粒的长大并改善钢的工艺性能。这类钢具有高的强韧性。基体钢广泛用于制作冷挤压、厚板冷冲、冷镦等模具，特别适于难变形材料用的大型复杂模具，65Nb钢还可用作黑色金属的温热挤压模具。

3.1.4 韧性较高的耐磨冷作模具钢

为了改善Cr12型冷作模具钢的碳化物偏析，提高其韧性，并进一步增加钢的耐磨性，国内外做了大量的研究工作，开发出不少新的钢种，如我国研制的LD、ER5和GM钢等，日本的TCD、AUF11、DC53钢，美国的Vasco DIE钢，瑞典的ASS-AB88钢。GS821钢为德国Thyssen钢厂开发的新一代高耐磨高韧性中铬钢，奥地利Bohler钢厂开发出的K340的成分与之相似，但添加了其他成分，Bohler钢厂最近又开发出K360钢，认为其性能更优秀。这类钢的化学成分有如下特点：适当降低铬含量以改善碳化物偏析，增加钨、钼和钒的含量以增加二次硬化的能力和提高耐磨性，大都采用较高的淬火温度（1040~1160℃）和1~3次高温回火（520~560℃）。与Cr12型冷作模具钢比较，这类钢的碳化物偏析有所改善，具有较高的韧性和更好的耐磨性，因而制作的模具有更高的寿命，更适于高速冲床和多工位冲床的使用。LD钢的碳和铬含量比Cr12MoV钢要低许多，碳化物不均匀性显著优于Cr12MoV钢，可采用适当含量的碳化物形成元素，以利于二次硬化，保证了强度和耐磨性。采用硅增强铁素体基体，因此LD钢有高的强韧性。LD钢的适宜淬火温度为1100~1150℃，回火温度可选530~550℃，使用LD钢制作冷冲模、落料模、冷镦模等代替Cr12MoV钢，模具寿命有显著提高。ER5是一种高耐磨冷作模具钢，1120℃淬火和580℃回火3次后，有最佳的二次硬化效果，二次硬化主要靠VC粒子的均匀析出。ER5的强度、韧性和抗冲击磨损的能力均优于D2钢。

GM钢由于合金元素与碳的配比适当，具有高的二次硬化能力，经1120~1140℃淬火、540℃两次回火后，硬度可达HRC64~66，保证了优异的耐磨性能。采用GM钢制作的模具在高速冲床上使用和用作多工位级进模，使用寿命比Cr12MoV提高数倍，用于制作高强度螺栓、滚丝轮，滚制硬度为HRC40~42的42CrMo钢制螺栓，寿命比Cr12MoV钢提高10倍以上。对GM钢还可以采用1070℃淬火、150℃两次回火的低温淬火、低温回火工艺，硬度为HRC62~63，由于钢的晶粒非常细小，进一步提高了钢的强韧性和耐磨性，有利于提高模具使用寿命。

3.1.5 粉末冶金高耐磨冷作模具钢

粉末冶金技术的发展和热等静压（HIP）的应用，引发了20世纪70年代无偏析粉末高速钢的生产和使用。瑞典Stora钢厂和美国Crucible钢厂在20世纪70年代初实现了粉末冶金高速钢的工业化生产。粉末冶金高速钢的主要特点是韧性、可磨削性、等向性、热处理工艺性都优于一般高速钢，并有比较高的使用寿命。粉末冶金高速钢的生产工艺随着科技的发展不断得到改进，一些牌号的粉末冶金高速钢用于制作高耐磨的冷作模具，同时开发出常规工艺无法生产的高碳高钒高耐磨冷作模具钢。粉末冶金工具钢（PM TS）分为粉末冶金高速钢（PM HSS）和粉末冶金耐磨冷作工具钢两大类。20世纪90年代初，粉末冶金工具钢的生产技术有了重大改进：电炉熔炼的钢液浇入中间钢包后采用电渣加热工艺（ESH）净化钢液，使夹杂物减少90%；采用高纯氮气将已净化的钢水雾化成超细钢粉，粉末装罐抽真空密封，经热等静压后即可成材，无需再进行锻造或热轧，从而缩短了生产周期、降低了生产成本、提高了钢的强度和韧性。这类钢有较好的切削加工性和磨削性。目前粗略估计，粉末冶金工具钢的年产量为2万吨，其中1/4为高碳高钒高耐磨冷作模具钢，主要生产国为美国、瑞典、奥地利和日本，这些国家可以提供多种牌号的粉末冶金高耐磨冷作模具钢，中国尚少开展这方面的研究。

这些改进的粉末冶金冷作模具钢具有更高的耐磨性和耐蚀性。奥地利研制的S390PM在HRC68时具有高的抗弯强度和抗压强度，用来制造冲头；而K190 ISOMATRIX PM有高的强韧性，适于做精冲模具。这类钢实际上是一类含钒量为3%~15%的高碳高钒耐磨模具钢系列。

粉末冶金耐磨冷作工具钢在性能上的特点是具有高的抗弯强度和高的韧性，无方向性，有高的耐磨性，易于被切削加工（退火态HB230~277），较易于磨削，良好的热处理工艺特性。这类钢主要用于制作高性能模具，并有较好的韧性，制成的模具使用寿命与一些硬质的冷作模具相当，可以代替硬质合金。

综上所述，常用冷作模具钢见表3-1。

⊡ 表3-1 常用冷作模具钢

种类	钢号	特点
低合金冷作模具钢	DS ACD37 6CrW2Si G04	工艺性好,淬火温度低,热处理畸变小,强韧性好,并具有适当的耐磨性。在钢中加铬或锰可提高淬透性,并使钢在淬火和低温回火后保留一定量的残留奥氏体,减少畸变;加入硅或镍可使基体强韧化,并提高回火抗力,在相同硬度下,比其他同类钢有更高的强韧性;加入钼或钒可细化晶粒
火焰淬火钢	SX105V、SX4、 SX57CrSiMnMoV(CH) HMD-1、HMD-5 ASSAB635 G05	火焰淬火钢应具有较宽的淬火温度范围、良好的淬透性、强韧性和耐磨性。火焰淬火时应加热模具刃口切料面,淬火前模具一般经180~200℃预热1~1.5h,再用喷枪加热至900~1000℃,可用火焰加热回火。淬火后硬度一般在HRC60以上,可得到厚度在1.5mm以上的淬硬层,畸变量一般只有0.02%~0.05%,硬化层下又有一个高韧性的基体做衬垫,在工作过程中刃口不易发生开裂、崩刃等现象,表层还有一定的压应力,从而使模具获得较高的使用寿命
基体钢	65Cr5Mo3W2VSiTi (LM2) MH85、YXR33 65Cr4W3Mo2VNb (65Nb) 65W8Cr4VTi(LM1) Vasco MA、Vasco Ma-trixI	基体钢一般是指其成分与高速钢淬火组织中基体化学成分相同的钢,具有较高的强韧性。基体钢广泛用于制作冷挤压、厚板冷冲、冷镦等模具,特别适用于难变形材料用的大型复杂模具
韧性较高的耐磨冷作模具钢	LD、ER5、GM TCD、AUF11、DC53 K340 Vasco DIE ASSAB88 GS821	可在韧性较高的耐磨冷作模具钢适当降低铬含量以改善碳化物偏析,增加钨、钼和钒的含量以增加二次硬化的能力和提高耐磨性,大都采用较高的淬火温度(1040~1160℃)和1~3次高温回火(520~560℃)。碳化物偏析有所改善,有较高的韧性和更好的耐磨性,因而制作的模具有更高的使用寿命,更适于高速冲床和多工位冲床的使用
粉末冶金高耐磨冷作模具钢	CPM3V、CPM10V、 CPM15V、Suprator K190 ISOMATRIX PM、 S390PM Vanadis 4、Vanadis 10、 Vanadis 60	粉末冶金高耐磨冷作模具钢的强韧性、可磨削性、等向性、热处理工艺性都优于一般高速钢,并有比较高的使用寿命

3.1.6 中外模具钢生产工艺和标准对比

（1）中外模具钢生产工艺的差异

国内特钢冶炼手段与国外相同，铸锭差别很大。日本大同特钢的垂直铸锭机，可保持6m长铸锭上下成分均匀一致。国内中原特钢股份有限公司也配备了垂直铸锭设备，由此可见，其是发展方向。

对于轧制过程中表面氧化和脱碳现象控制，中国农机院表面工程技术研究所在20世纪90年代曾代理日本大同特殊钢的国内业务，也试着销售进口特钢。大同公司轧制车间除安装200m长的加热炉外，并排建有180m长的氮气保护炉和120m长的氩气保护炉。垂直铸锭为$200mm^2 \times 6m$，使用专用磨床去除表面氧化物，这样层层控制减少了氧化物夹杂。中国农机院表面工程技术研究所采用线材退火炉壁电弧喷涂铝防护技术取得了针对Q235钢良好的抗氧化效果。该技术首先把铝涂层喷在轧材表面，加热过程中，铝、铁形成铁铝化合物（主要是$AlFe_3$），$AlFe_3$化合物抗氧化能力好，铝与碳互不反应，同时防止脱碳。再加上涂制了防氧化的润滑剂，估计可得到相同的防护效果。中国农机院表面工程技术研究所生产了多种型号的电弧喷涂机，对于铝涂层的生产和推广应用有深刻的认识，因而希望国内特钢生产企业借助这项工艺，提高钢材质量。

日本大同特殊钢自行研制的超声波自动探伤流水线，具有自动剔除不合格产品的功能，可以做到小至几毫米的小钻头和小棒料都能根根探测。这种离不开高质量的检测设备和工艺是生产高品质特钢的保证。

（2）中外模具钢生产标准的差异

① 模具标准与标具质量不匹配问题。日本大同钢种企业内部标准高于日本国标JIS标准，中国模具生产质量低于JIS标准。

② 模具钢标准问题。国内仅有模具钢的成分和力学性能标准，没有针对模具的材料规格标准。

模具钢规格标准化，模具工厂免除了毛坯改锻工作，风险得到大幅度降低，加上模具的热处理送回钢铁厂代做，模具工厂的风险基本降为零。中国原机械部没有设置针对模具工业的管理机构，国内模具企业如何缩短与国外管理模式的差别？这是亟待解决的问题。

③ 国内模具钢品种问题。国内模具钢品种单一，有的牌号在标准上可以找到，但市场实际没货，形成隐形牌号。例如，45钢属于中碳钢，国内大量使用，但如果按国外图纸加工模具，要求使用55钢的话，那就只能进口了。另外，55钢是国内外生产白色家电注塑模具的常规材料。如果在国内订购钢坯，没有哪家钢厂能保证抛光镜面后不出现缺陷。

④ 硫、磷杂质标准问题。国内在生产超纯钢时发现火箭捆绑带和高速火车车轴

出现氢脆现象。这些零件在出厂时，氢含量不超标，在空气中存放一段时间就产生了自然渗氢现象。在脱硫、磷困难时期没有发现这种现象，现在使用锆等稀有金属提纯成分，常常出现自然渗氢现象。

（3）国内模具钢介绍

① 高碳工具钢。国内常用的高碳工具钢有T8、T10两个牌号（表3-2），它们不含合金元素，耐磨性和耐热性都较差。但这两个牌号价格低廉，因此，成为厂商首选钢材。

表3-2 常用高碳工具钢T8、T10化学成分（质量分数） %

牌号	C	Si	Mn	P	S
T8	0.75~0.84	≤0.35	≤0.40	≤0.035	≤0.035
T10	0.95~1.04	≤0.35	≤0.40	≤0.035	≤0.030

a. T8和T10的碳当量均为1左右，需要焊前预热。注意：时间应控制在30min左右，时间过长，基体硬度会下降。

b. 焊丝选择（表3-3）。

表3-3 高碳工具钢T8、T10焊丝

牌号	用途
Casto TIG503	T8、T10未淬火新模具，淬火获得同等硬度
Casto TIG5Hss	报废旧模焊接，焊态即获得高的硬度值
Casto TIG680	裂纹、掉块打底使用，大幅降低应力

c. 焊后缓冷可用岩棉包裹或石英粉覆盖。

② 高碳合金钢。国内常用CrWMn钢生产中档冷作模具，CrWMn钢耐磨性好于高碳工具钢。另外，淬透性更好，适合生产体积大一些的冷作模具。

a. CrWMn焊接修复工艺与T8、T10相似。

b. Casto TIG503成分与CrWMn相同，T8、T10只是代用。在退火状态下Casto TIG 503是适配焊料。

c. Casto TIG5Hss焊丝是一种钼基高速钢，焊态的耐磨性大大超过T8、T10和CrWMn，直接焊态使用即可。

③ 高碳高铬钢。高碳高铬钢是制造高寿命的重要冷作模具的首选材料。国内常用Cr12和Cr12MoV两个牌号。Cr12系列是一个多品种的家族，厂家还有处于专利范围的新品种供货，例如大同特殊钢的DC52和DC53。

a. Cr12和Cr12MoV模具预热时间应控制在40min以内，焊接边角时可缩短预热时间，但对大裂纹则有必要预热40min，预热温度为400~500℃，小刃口补焊可在常温下进行。

b. 焊丝选择（表3-4）。

⊡ 表3-4 高碳高铬钢焊丝

牌号	用途
Casto TIG501	Cr12、Cr12MoV未淬火新制模具，淬火后获得相同强度
Casto TIG5Hss	报废旧模焊接，焊态硬度高，耐磨性高于Cr12
Casto TIG680	裂纹、掉块打底使用，降低残余应力

c. 冷作模具打底焊可以采用Casto TIG2222焊丝，它比Casto TIG680的抗裂性能更好。

④ 高速钢

高速钢模具是用于电子行业冷冲生产线的高寿命模具，是国内进口模具中比较常见的一种模具。

a. 高速钢模具的3次等温回火温度为540℃，高于焊接预热温度，预热不会对其造成硬度下降的问题。

b. 焊丝选择（表3-5）。

⊡ 表3-5 高速钢焊丝

牌号	用途
Casto TIG5Hss	高速钢淬火和退火状态补焊
Casto TIG2222	裂纹、掉块打底，降低残余应力

c. Casto TIG5Hss焊丝焊态即可作为刃口使用，但如果需要耐磨性不变，需对模具进行540℃三次等温回火，使其中的金属陶瓷相从固溶体中充分析出。焊接工艺为

540℃（1小时）—空冷—540℃（1小时）—空冷—540℃（1小时）—空冷。

d. Casto TIG5Hss具有比钨基高速钢更好的冲击韧性和同样的耐磨性、耐热性。

⑤ 粉末工具钢。

粉末工具钢（或叫粉末高速钢）是使用W6Mo5Cr4V2高速钢粉末作为粘接相然后混入一定比例的WC金属陶瓷粉。经压制烧结而成。其中含有WC硬质相，耐磨性超过普通高速钢。进口模具用于电器电子生产线高寿命要求的工况。由于粉末工具钢是高速钢和金属陶瓷粉末的混合物烧结状态，因此不具有可焊性。

3.2 冷作模具常见缺陷

3.2.1 刃口损伤

① 在刃口磨损严重的情况下，如果采用磨削上平面的方式重开刃口，则每次磨削厚度大，模具寿命将大幅度降低，此时采用堆焊方式可延长模具使用寿命。

② 刃口疲劳磨损的特征是刃口首先出现横向微裂纹，微裂纹在后续使用过程中逐渐扩展，出现崩块或大裂纹。

③ 模架下落偏斜，上下刃口互啃损坏。

④ 板料落料不平，落料产生斜向分力，导致刃口挤坏。

⑤ 刃口承受冲击力，只有焊接修复，才能保证恢复正常使用。

3.2.2 掉块

① 冷作模具块状断裂属于常见缺陷。如果属于非正常情况使用中损坏，应淘汰脱落残块，打底后重新堆焊出原形，重新机加工复形。

② 如属于模具结构设计过于单薄造成的掉块，应考虑加强结构刚性，否则可重现掉块缺陷。

③ 如是因热处理残余应力造成的掉块，应考虑用多次回火工艺消除应力残留。

3.2.3 裂纹与检测

① 冷作模具钢硬度高，热处理残余应力会导致萌生裂纹，加上使用中的冲击工况，微裂纹扩展较快，如不处理，最终会造成模具报废。

② 冷作模具冲击工况会形成疲劳裂纹，继续使用将导致裂纹扩展。

③ 模具裂纹可采用超声波、荧光3D、X射线等先进设备检测，可准确探出裂纹状态和深度，给修复工作提供依据。现场检测常用着色显示检查，简便快速。着色显示的缺陷是深度方向无法确定，结构复杂结构显示效果下降。

④ 冷作模具钢硬度高，采用100~200℃的低温回火工艺只能部分消除残余应力。国外采用多次回火加冷冻工艺，大幅度降低残余应力，工艺按160~180℃加热炉冷—-40℃冷冻—160~180℃加热—-40℃冷冻—160~180℃加热顺序进行，对于高质量模具寿命的提高起到很好的帮助作用。

⑤ 由于裂纹扩展速度预测困难大，因此裂纹属于必须修复的缺陷之一。

3.2.4 新模改型

新产品试造过程中往往产生模具改型需求，因此改型工作是工艺的重要环节之一。需要注意的是已淬火和未淬火模具的差别，焊料和工艺不能出错。

3.3 冷剪切模具修复

3.3.1 脉冲钨极氩气保护焊机的使用

3.3.1.1 焊接原理

焊接是一个特殊的冶金过程，它与炼铁、炼钢相同之处是冶金产生的缺陷——氧化、夹杂、气孔、疏松同样存在于焊肉之中。不同之处在于以下几点。

① 焊接熔池小。

② 熔池沿焊接方向移动。

③ 焊丝逐步送入熔池。

④ 氩气保护下，材料相当于一次氩气保护精炼（前提是排出全部空气）。

⑤ 模具焊接工艺要求：第一是注意氩气保护的有效性，以免产生上述缺陷。第二是必须使用专用焊丝，焊丝是在原有合金系中加入Mn、Si等脱氧元素制定的，可以有效地保护焊肉不易产生缺陷，这与炼钢加脱氧剂效果相同。焊接既然是冶金过程，合金元素的烧损就是自然现象。例如美国不锈钢304（0Cr18Ni8）焊丝是D308（0Cr19Ni9），它的Cr、Ni含量比0Cr18Ni8各增1%，保证在焊后元素烧损情况下焊层成分仍是0Cr18Ni8。所以应该预估模具焊料的元素烧损量，在冶炼中加入焊接，否则得不到与母材同等的成分。

3.3.1.2 焊机调试和选择

① 选择额定电流为300A的脉冲钨极氩弧焊机，它属于方波电源。方波电源的起弧、焊接、收弧、脉冲峰值、基值、脉冲宽度等参数均可调。如果负载持续率为60%，使用最大电流按下式计算：

$$I = \sqrt{\frac{F_{Cr}}{F_C}} I_r \tag{3-1}$$

式中 I——使用电流，A；

I_r——额定电流，A；

F_{Cr}——额定负载持续率；

F_C——使用持续率。

则 $$I = \sqrt{\frac{60\%}{100\%}} \times 300 = 232.35(A)$$

模具焊接时，通常不会使用200A以上直流电流，因此可以使用额定电流为300A的焊机。但如果修复车辆轮胎铝合金模具，则应使用额定电流为500A的焊机，它适合250A交流焊铝。

额定电流300A的焊机最小稳定电流应为直流5A、交流10A。这是对焊机的一种高标准要求，也是适用模具精细焊接的要求。

② 模具焊补起弧电流设置在10~15A，大于20A时模具表面会出现熔蚀弧坑。起弧电流是指路灯，下压按钮引出起弧电流，焊枪固定位置3~5s后，人的瞳孔逐渐张开，可以看清楚母材和电弧。起弧电流小，不易破坏模具精细表面，可以给焊工充分的调整位置时间。切记不要在瞳孔没有张开的情况下开始焊接。看清楚需焊补位置后，将焊枪钨极移至适当位置。松开按钮时，焊接电流来临，开始焊补工作。

③ 高频引弧有效性。模具修复工作需要焊机快速、安静、平稳引弧，如果引弧时间过长，起弧就猛烈，会烧蚀精密表面。其中，表面烧损出现分散的弧坑就是由于错误引弧引起的，方波电源起始电流设置为10~5A可有效保护工作原始表面的完整。每次模修开始前，都必须检查引弧效果，引弧正常后才能在模具上引弧。引弧过程中应注意以下事项。

a. 焊机品牌不同，引弧高频电压设置也不同，一般为2000~5000V。其中，5000V的引弧高频电压由于引弧快速，作用时间短，可保护水冷电缆橡胶管不易被击穿。如果橡胶管被击穿，将失去屏蔽作用，必须更换。

b. 新焊机开箱后，首先取出焊枪，将按钮控制线从水冷外包套中抽出，然后用塑料扎带分段抽紧附在外包套上，以免高频电压降低，功率受损。任何绝缘材料在高频高压条件下，绝缘能力都是随时间延长下降的，因此，要求修复模具时，尽可能制止焊机引弧高频电压漏电，以免烧伤工件。

c. 焊机地线应更换为线径90mm²的独芯电缆。电缆夹不允许采用普通弹簧夹，应换用黄铜压钳。

④ 钨极选择和磨修。采用ϕ2.4mm光制钨极，先磨制顶面，再倾斜磨侧面，顶面留ϕ0.5mm平台。这种钨极形状可以使电弧集中，保形时间长。

钨极如有粘污时应立刻清除，否则会影响引弧效果。

⑤ 送丝方式。左向焊法采用间断送丝方法，一般左手中指和四指夹持焊丝，拇指和食指推送焊丝。左手轻轻贴在工件表面，以求稳定。焊肉外观基本由左手送丝速度的有序变化决定，左手与焊接熔池距离应在100mm左右。

脉冲钨极氩气保护焊焊工要经过专项培训才能上岗，培训重点在于电流适应能力和送丝时间：一是对于电流增减光强变化，人眼要有一个适应过程；二是送丝时间要求卡在电流在由基值向峰值上升过程中加入。提前送丝，熔池未张开，焊丝不熔化，但如果焊丝加入过晚，熔池已开始回缩，会产生咬边缺陷。因此要选在熔池开始扩展时送丝。

焊丝品种很多，焊丝直径最好定为ϕ1.6mm，可以做到大小电流兼顾。

⑥ 焊枪氩气保护效果要求高，需控制钨极伸出长度。通常平面焊接时，钨极应伸出瓷嘴3mm，角焊缝伸出5mm。焊枪与熔池夹角为70°~80°，钨极与熔池距离保持在3.0mm。采用以上参数操作，熔池的可见性差一些，但是气孔和夹杂大幅下降。但如果一开始就不注重氩气保护效果，练成了“高举高打”的不良习惯，那就后患无穷了。氩护焊枪的保护效果是关键因素之一，应按以下工序检验质量。氩气流量6L/min，用一块Q235或45钢板，厚度≥6.0mm。焊接电流调至直流150A，焊后气体延时调至30s。钢板砂轮打磨出金属光泽，焊枪瓷嘴放置板面不动，焊枪与熔池夹角为70°~80°。引弧后看熔池扩张至最大，关电弧，氩气保护至工件常温。如果焊点白亮，证实氩气保护效果良好。焊点外围有一白圈就是此焊枪保护范围，白圈越大，焊枪质量就越高。

保持以上参数氩气流量升至8~10L/min重复以上动作，观察焊点颜色变化。如果正常，证实焊枪对气量适应性强不会因流速增长而卷入空气。这样的焊枪有很大潜力，在焊外棱角、焊铝合金和含气量高的区域时（渗碳、渗氮层），可以有高的参数调整自由度。实际上不做以上检验也可以凭借经验检查焊枪：首先把气体延时放到最大，对着空中开一下焊枪，然后把枪口对着脸侧面和耳朵附近，如果感觉到气流平稳无噪声，证明焊枪设计优秀。如果出现“丝丝”的杂音，则说明这种焊枪不适合焊接模具。

⑦ 焊枪开关位置调整。将焊枪按钮开关转90°，调到拇指旁边，此时拇指的按后力与食指、中指相对得到平衡，焊枪振动影响最小。

⑧ 焊工。焊工作业时要全身放松，右手出力刚够持住焊枪即可，只有身体放松了，才能消除抖动，提高移动焊枪的速度。

焊工身体的稳定性是焊工的基本要求，这需要经过长时间练习。在修复大型模具时更能考验焊工的操作水平。

3.3.2 刃口小缺陷的修复

3.3.2.1 刃口小缺陷产生的原因

冷冲剪模具刃口小缺陷产生的原因包括刃口磨损、疲劳崩刃、上下模互啃、落料倾斜等。所谓小缺陷专指横向小于2.0mm的刃口损伤。

3.3.2.2 刃口小缺陷焊接的修复工艺

① 对于冷冲件模具刃口小缺陷，中国农机院表面工程技术研究所长期采用不预热冷焊工艺，可以又快又好地完成模具修复工作，可作为成熟工艺推荐给同行。

② 刃口脉冲焊参数（表3-6和表3-7）。

表3-6 刃口脉冲参数

起始电流/A	脉冲基值/A	脉冲峰值/A	收弧电流/A	频率/Hz	脉宽/%
10~15	10~15	50	10~15	1~2.5	50

表3-7 刃口直流钨极氩气保护焊参数 A

起始电流	焊接电流	收弧电流
10~15	30~50	10~15

注：1. 脉冲频率的选择取决于焊工操作的熟练程度，反应跟得上就可以向2.0~2.5Hz进展，生手刚开始焊接时最好选1.0Hz，逐渐加快频率。

2. 采用普通直流焊时，高水平的焊工可选用30~40A电流；不熟练的焊工可选用50A，并从50A逐渐减少。

3. 脉冲焊是首选工艺。

③ 焊接工艺采用段焊和跳焊模式，每段长12~15mm，跳焊间隔12~15mm。先向左段焊并与无损伤刃口连接，再调头仍用左向段焊接连焊肉。最后保持左焊方向与无损刃口连接完成补焊工作。调头方法为免去刃口开豁口，可一次性稳妥修好整条缺口。

④ 刃口焊接时，左手持焊丝需始终熔于熔池中，轻微上提让焊肉高于刃口平面。这样得到的焊肉形状将给后续机械加工提供方便，一般将焊肉磨削至上平面，然后再去掉0.10mm即可完成加工。

⑤ 刃口焊接的工艺关键在于焊肉与原始刃口的连接位置处，必须保证收弧区不

出熔化凹坑。解决方式是左手持焊丝熔于熔池，前方向上挡住电弧使刃口温度缓慢上升。再次按压按钮，焊接电流将向收弧电流方向变化，随着熔池缩小至接近焊丝直径时抽出焊丝。这种用焊丝保护刃口的方法，可以做到机械加工后完全不留痕迹。对于高要求的冲模刃口，常用放大镜进行检查，以免因刃口小缺陷导致工件产生毛刺，所以反复练习焊丝遮挡刃口、停弧后抽丝的工艺，是焊工操作基本技术中的"必杀技"。

⑥ 在焊接较长刃口的情况下，需控制模具母体的温度。赤手放在模具上面，如果感觉烫手，此时说明模具温度已超过60℃，需要停止焊接，冷却一段时间，待不烫手后，再继续焊接，因此，焊接过程中60℃是一个合适的温度。

3.3.2.3 焊后机械加工

① 焊后需用磨床磨去平面焊肉，一般在平面下磨去0.10mm，即可完整磨出上平面。

② 采用线切割机床加工立面，这时注意钼丝不应触及原始立面，加工后堆焊部位应有0.01mm余量，这些余量改用钳工手工磨修或油石磨修。

3.3.2.4 刃口补焊材料（表3-8）

表3-8 刃口补焊焊丝

牌号	合金类型	规格	模具材料
Casto TIG5Hss	钼基高速钢	ϕ1.6mm	T8、T10、CrWMn、Cr12MoV

① 针对所有冷剪、冷冲模具仅推荐TIG5Hss焊丝，可大幅降低焊丝库存。

② 焊丝规格只用ϕ1.6mm即可。

③ 国内常用冷作模具钢T8、T10、CrWMn、Cr12、Cr12MoV，淬火态、使用中损伤均可使用同一种焊丝——TIG5Hss修复。

④ TIG5Hss是一种钼基高速钢，它的合金含量和各种类硬质相数量远高于原模具材料，所以经它补焊的刃口的耐磨性和锋利程度均高于原模具刃口。

⑤ 补焊处硬度为HRC58~62。

⑥ 国外钼基高速钢化学成分符合表3-9要求。

⑦ 采用TIG5Hss焊丝，焊后经检查其化学成分与美国标准中的M7相同，Si和Mn含量都有下降趋势，TIG5Hss很有可能就是M7的成品丝。

⑧ 在高速钢各主要品种中加入5%~12%的Co，会形成所谓的超硬高速钢。含Co高速钢提高了材料的红硬性，因此使用寿命也得到提高。由于Co的增加对焊接不会产生不良影响，所以使用M42丝代替M7是完全可行的方案。

⊡ 表3-9 国外钼基高速钢化学成分（质量分数） %

国家标准（GB）	美国标准（AISI）	C	Cr	Mo	W	V	Co	Si、Mn（≤）
W6Mo5Cr4V2	M2	0.8~0.9	3.80~4.50	4.50~5.50	5.50~6.70	1.60~2.20	—	0.40
W18Cr4V	Ti	0.73~0.83	3.80~4.50	—	17.0~19.0	0.80~1.2	—	0.40
	M7	0.95~1.05	3.50~4.50	8.20~9.20	1.50~2.10	1.70~2.20	—	0.50,0.40
	M42	1.00~1.15	3.80~4.50	9.00~10.00	1.20~1.90	0.90~1.40	7.50~8.50	0.50,0.40

注：1. W18Cr4V红硬性高，脆性大一些，目前国内用量下降。

2. W6Mo5Cr4V2（6542）是国内高速钢主流牌号，国内不生产专用焊丝，可以使用6542钢丝代替，用于堆焊新制模具。

3. 钼基高速钢的特性是冲击韧性高，它是钨基6542的3倍，6542的冲击韧性是Cr12MoV的3倍。虽然用高硬度材料做冲击试验时，数值分散度肯定很高，3倍的结论还有待证实，但从实用角度看，完全可以认定钼基冲击韧性高于6542，6542高于Cr12MoV的理论。

4. 综上所述，模具刃口使用Casto TIG5Hss焊丝补焊，或用其堆焊制造新模具，会有高的使用寿命（比Cr12MoV的使用寿命大幅上升）和稳定性。

图3-1是采用不预热冷焊工艺修复模切轴刃口的修复实例。

图3-1 采用不预热冷焊工艺修复模切轴刃口的修复实例

3.3.3 刃口严重损伤的修复

3.3.3.1 损伤原因和情况分析

刃口严重损伤一般是由于人为事故造成的，例如倾斜送板或下压过早等。此时刃口损伤深度≥3.0mm，还可能发现纵向裂纹。冷冲是冲击工况，裂纹会逐渐扩展，所以裂纹必须挖开焊补。

3.3.3.2 预热工艺

冷冲模材料的含碳量已超过1%，再加入各类合金，碳当量大于1是必然趋势。如果将模具预热温度定为500℃，冷冲模具刃口硬度会有所降低。

减少模具硬度下降的方法如下。

① 回火炉首先预热至400~500℃，高碳钢为400℃，高碳合金钢为500℃。预热到规定温度后将模具送入炉中，加热时间控制在20~30min，然后热状态下焊接。如果模具在空气中冷却时间过长，需重新送回炉中加热，时间也按20~30min控制。

② 在实际修复模具的工作中，一个回火炉一般装2~3套冲模，由专人负责从炉中取出模具。轮换取出模具焊接，这样效率高，计时准确。

3.3.3.3 修复工艺

① 工件应用丙酮清洗去油。

② 使用角向砂轮开裂纹坡口，坡口应按钨极大小尽可能收窄。

③ 使用打底焊料堆平坡口。

④ 使用打底焊料在缺损面处补焊，厚度为1~2mm。

⑤ Casto TIG5Hss等刃口焊丝焊接时，在焊丝与母材连接处，圈边焊一周。

⑥ 使用刃口焊料补焊至外形尺寸圆满。

⑦ 焊接用时超过20min，可回炉保温，再出炉继续焊接。

⑧ 工件应用岩棉布等保温材料包裹。以免快速散热降温，也减少对人的热辐射，仅露出焊接部位。地线钳直接卡在模具上，或夹持一片铜板条。模具背面是定位面，需避免接触不良，烧伤表面。

⑨ 工艺参数（表3-10）。

表3-10 刃口焊接参数

焊接位置	起始电流/A	基值/A	峰值/A	收弧/A	频率/Hz	气流/（L/min）
裂纹坡口	15	40	120~150	20	1~2.5	6~12

续表

焊接位置	起始电流/A	基值/A	峰值/A	收弧/A	频率/Hz	气流/（L/min）
圈母材边缘	15	40	80~100	20	1~2.5	6~12
补缺肉	15	40	100~120	20	1~2.5	6~12

⑩ 熔池中异常处理。

a. 熔融金属出现抖动，证明熔池中有油污杂质，或含H_2、CO、CO_2气体。如果是偶然现象，可停焊后用模具电磨机铣去抖动部位，再继续焊接。

b. 收弧电流设置20A的主要目的是使人能清楚地看到收弧处是否出现网状裂纹。网纹是低熔点金属杂质富集造成的，收弧时一般多加焊丝，堆出一个小山包，把裂纹引出有用部位，在机械加工时将之去除即可。

3.3.3.4 打底焊料作用和选择

（1）打底焊料的作用

打底焊料（或称过渡焊料）是从国外引入的一类先进的专用焊料。使用打底焊料可缓解高硬质材料的焊后应力，减少产生裂纹的可能性，为表层焊肉提供可靠的支撑。

① 使用打底焊料可降低工件的预热温度，大大提高模具修复的成功率。

② 打底焊料的抗拉强度较高，对刃口的冲击的支撑作用较好，可起到抗裂的特殊效果。

③ 打底焊料可封焊微裂纹，使其难以继续扩展。当打底料厚5~10mm时，可不再开坡口，以免引起工件变形。

④ 由于目前国内尚未建立使用打底焊料的概念，所以各焊料厂商未生产过此种焊材。

（2）打底焊料的选择

国外很早就开始应用打底焊料，品种较多，为简化生产准备工作，下面仅介绍几种常备焊料，见表3-11、表3-12。

表3-11　打底焊料

牌号	合金类型	用途
Casto TIG680	高Cr、Ni不锈钢	用于冷作模具修复
Casto TIG2222	特殊镍基高温合金	冷热兼用的全能打底料
Casto TIG6800	镍基耐高温合金	热作模具打底使用

⊡ 表3-12 打底焊料的化学成分（质量分数） %

牌号	C	Cr	Ni	Mn	Si	W	Mo	Fe
Casto TIG680	0.08~0.12	30.0~32.0	8.0~9.5	1.5~2.0	—	—	—	Fe余量
Casto TIG2222	0.012	12~16	余量	4.0~6.0	1.0~2.0	Nb2.0	—	7.0~9.0
Casto TIG6800	0.05	15.0	余量		0.5~1.0	4.5~5.0	15.0~17.0	5.0~6.5

① Casto TIG680是一种高Cr、Ni的不锈钢焊料，根据舍夫勒组织图可知，在Casto TIG680焊接中碳和高碳钢、合金钢时，熔合区不易生成脆性的马氏体组织，因此适用于各种冷作模具钢焊接。

由于Casto TIG680含有镍含量8.0%~9.5%，材料屈服极限大幅度降低，焊缝冷却过程中，焊料通过变形减小了残余应力。

实际上，使用国标Cr25Ni13不锈钢可以代替680，只是需注意含锰量最好高一些。

② Casto TIG2222是一种特殊的镍基高温合金，除与Casto TIG680有相同的高强度、低屈服点之外，因其含锰量较高，线胀系数降低至与钢近似，进一步减小了焊后残余应力，比Casto TIG680有更好的抗裂纹作用。此外，Casto TIG2222也适合热作模具在高温下使用，属于一种全能的王牌钢种，所以模具修复企业可以常备Casto TIG2222这一种打底焊丝，从容应对各类模具修复工作。

③ Casto TIG6800是一种低碳中等硬度的耐高温镍基合金，用于为钴基司太立打底，制造高寿命精锻模具。国内对毛坯件精度要求低，可以使用廉价劳动力人为去除毛坯余量，因此推行此类工艺有一定的阻力。但随着产业化进程的加快，此类工艺同样也会在国内推广应用。

3.3.3.5 焊后保护

焊后模具应包覆在保温材料内，或放于生石灰坑中，待第二天冷透再取出。其机械加工与刃口相同，先磨平上平面，立面采用线切割加工。

3.3.3.6 模具液态保护剂

模具保护剂的作用是防止表面氧化，可自制，配方见表3-13。

模具保护剂的调制方法如下

① 将硼矸粉末放入适量蒸馏水中。

② 使用不锈钢或陶瓷锅煮沸，搅拌成糊状。

③ 加入硼砂搅匀。

④ 逐渐加入Al_2O_3粉末拌匀成糊状。

⊡ 表3-13 模具保护剂配方

材料	硼矸BO_2	硼砂	Al_2O_3粉
形状	块状	粉状	120目
比例/%	30	30	40

在工件进入加热炉前需留出焊口，其余部分刷涂保护剂。入炉焊后待完全冷透，放入水中，用铜丝刷去保护剂，然后在102℃炉中烘干出炉。

3.3.4 冷作模具裂纹焊补

3.3.4.1 模具裂纹产生原因

① 始锻温度过高，碳化物成网状。

② 终锻温度过低，造成裂纹。国外规定1050℃±10℃是Cr12MoV钢终锻温度的安全的范围。

③ 轧制或锻造加热会造成表面脱碳，线胀系数差异会导致裂纹。

④ 淬火加热超温，淬火加热脱碳。

⑤ 磨削工艺不当，同样引起表面龟裂。

a. 砂轮粒度过细，应采用46#粗砂。

b. 砂轮用金刚石笔修整过细，引起磨削热量无法散出。

c. 进刀量过大，表面过热。

d. 冷却水迟开，表面激发裂纹。

e. 可以用单晶刚玉、立方氮化硼等硬质磨料，也可以换用大气孔砂轮改善工况。

⑥ 模具的网状裂纹大面积或立体方向破坏了模具结构，这种情况一般不推荐修复；否则，成本过高失去意义。

3.3.4.2 热处理裂纹和使用中产生的裂纹

模修过程中，时常遇到热处理裂纹和冲剪中产生的裂纹修复问题，应按以下规定进行修复。

① 薄板冲剪模具（冲剪材料厚≤1.5mm）的坡口打底焊料厚度应为5.0~8.0mm。薄板刃口堆焊料厚度应≥3.0mm。

② 冲剪厚≥1.5mm材料时，坡口内打底料厚度应为8.0~12.0mm。厚料刃口堆焊料厚度应≥5.0mm。

③ 采用彻底封死裂纹的办法时，需注意模具变形量不要太大，否则会造成模具报废，而且还要考虑深坡口氩气保护效果差这个不利因素造成的影响。

④ 模具厂在进行热处理裂纹修复时，为避免机械加工后表面颜色不统一，在非刃口表面应换用08Mn2Si丝堆焊。

3.3.4.3 裂纹检查

① 现场检查裂纹时多采用着色法显示探伤。着色法虽然简单易行，但存在以下几个问题。

a. 无法探查裂纹深度。

b. 如果表面不平整，则显示不良。

c. 如果微裂纹有油，则不易渗入染色剂。

② 目前较好的检查方式是采用荧光3D法检查，或用X射线进行3D检验，可以像在医院做CT那样将断面扫描成像，直接探测出裂纹的深度和走向。

3.3.4.4 焊后加工

① 焊后加工以电加工或线切割为主，注意焊肉留0.01mm余量，手工修磨。

② 在未焊之前应制定焊后修复方案，在有把握的情况下施焊。焊接只是完成了一半的工作量，修复成型才是最终目的。

3.3.4.5 凹模框断裂

① 凸模的结构刚性好，凹模框的结构刚性差，因此多次遇到凹模裂为两段报废的状况。如果没有备用模具，可采用临时拼焊措施补救。

② 可临时设计制造一个专用夹具固定断裂模具。注意夹紧四个立面，留上下两面。

③ 使用打底焊丝点焊固定上下两面，点焊要上下对位，翻面点牢固，以免向单面收缩。

④ 上下面点固后，松开侧面夹具，两侧开磨坡口，坡口深度为8~12mm。两立面坡口交错焊接，以减小变形。需留下至少50%的原始断面，否则会有更大的变形量。

⑤ 侧面焊好后，上下面需要开同样的坡口，上下面交错焊接，上面覆盖面刃口硬质焊料厚度应≥3.0mm。

⑥ 因模具裂为两半，即使焊肉强力收缩，模具也不可能回到原来尺寸。按以上方式修复凹模内框尺寸会扩大0.05mm，但未发现影响继续使用的实例。实际上多修复模具长时间使用，并未发现问题。

⑦ 焊接参数（表3-14）。

⊡ 表3-14　断裂模具焊接参数

焊接位置	起始电流/A	基值电流/A	峰值电流/A	收弧电流/A	频率/Hz	气流量/（L/min）
坡口内焊接	15	40	150	20	1~1.5	6~12
与母材外面对接	15	40	100	20	1~1.5	6~12

图3-2所示的Cr12冷作模具修复的实例，完成了探伤、打开裂纹、预热、打底焊接、刃口焊接、焊后热处理等全套的冷作模具修复过程。

图3-2　Cr12冷作模具修复的实例

3.3.5　冷作模具掉块修复

3.3.5.1　目的

冷作模具长期使用会出现小块断裂，与母体分离。如果将断裂掉的小块直接拼焊回去，则模具可靠性会变差，这时应采用从母材堆焊成型的方式复形，达到翻新的目的。

3.3.5.2　堆焊工艺

① 在断裂面上堆打底焊料。

② 第二层更换Casto TIG6055焊丝，厚1.5~2.0mm。

③ 焊丝选择见表3-15。

表3-15 焊丝选择

牌号	作用
Casto TIG2222	打底材料，低屈服极限，缓解残余应力
Casto TIG6055	高强度支撑材料，以免压溃表层刃口材料
Casto TIG5Hss	刃口材料

④ 将打底材料与支撑材料分层交替焊接。

⑤ 刃口材料应保持3.0~5.0mm厚。

⑥ Casto TIG6055焊丝。

a. Casto TIG6055是一种多用途的王牌焊料，主要用于注塑镜面预硬钢表面补焊，适合抛光至顶级镜面。焊后硬度（HRC42）与多种国外王牌预硬镜面钢相同。

b. Casto TIG6055用于铝压铸模具浇道和铝液冲蚀面补焊。焊后硬度（HRC42）在大于420℃长时间炉中时效后可增至HRC55。其高镍成分带来高韧性，抗热裂能力远高于常用热作模具钢。压铸模使用温度正好落在Casto TIG6055的时效温度区，可保证高温下堆焊面不软化。Casto TIG6055用于压铸模具修复，恢复形状后，采用电火花沉积金属陶瓷层工艺，这是从国外引进的先进工艺。

c. Casto TIG6055用于堆焊汽车冷拉延模具顶角和冷剪切模具刃口，焊后采用硬质合金铣刀数控铣床加工成型，置于退火炉中进行时效处理即可。Casto TIG6055焊丝的化学成分见表3-16。

表3-16 Casto TIG6055焊丝化学成分（质量分数） %

牌号	Ni	Co	Mo	Fe
Casto TIG6055	17.0~19.0	7.0~8.5	4.0~4.5	余量

Casto TIG6055是高镍高钴高钼的超高强度钢，国内用于制造宝钢250t钢水罐车弹簧和火箭发动机捆绑带。此类钢也可用于制造飞机发动机主轴和飞机起落架，是高强度韧性典型钢种，因此应用广泛。

3.4 冷拉延模具修复

3.4.1 冷拉延模具损伤原因

冷拉延模具顶角磨损和拉延面划伤是模具两大常见问题，损伤原因是铁分子之间典型的黏着磨损。铁板与模具材料同样为铁制，两者之间的范德瓦尔斯力（分子间引力）作用强，摩擦压力焊现象时有发生。表面咬合造成工件划伤，模具表面时常需要抛光。长期造成模具表面缺损，工件变形达不到要求。拉延模具抛光一次会去掉0.3~0.5mm，2~3次以后就需要修复。

拉延模具顶角磨损，顶角尺角变大，会造成拉延成品张角变大，成品失形。堆焊修复顶角是必备手段，否则换新模具经济损失过大。

3.4.2 拉延模具补焊工艺

3.4.2.1 补焊材料

① 推荐两种焊丝（表3-17），Casto TIG5Hss除用于剪刃之外，补焊拉延面也是良好方式，其耐磨性高于模具钢，因此补焊后有更长的使用寿命。

表3-17 拉延模具补焊焊丝

牌号	硬度	直径/mm	焊丝
Casto TIG5Hss	HRC58~62	$\phi1.6$	退火冷拔光制焊丝
司太立6#	HRC42	$\phi3.2$	加热间断拔节距状丝

表3-18 司太立6#合金的化学成分（质量分数） %

牌号	C	Cr	W	Si	Mn	Ni	Co
司太立6#	1.2	29	4.5	1.2	1	3	余量

② 司太立6#是应用最广泛的钴基合金，也是高温合金中常用牌号。不仅用于热

锻模具堆焊，在冷作模具上也会起到特殊作用，其化学成分如表3-18所示。

③ 金属钴是目前人类发现唯一可以制造摩擦副的金属，例如司太立1#对6#，6#对21#是高温阀门阀芯与阀座的常用设计。其他铁对铁、铝对铝、钛对钛都不能设计成摩擦副。铜合金和巴氏合金由于硬度太低，对润滑依赖过大，因而仅在轴类件中使用。

④ 司太立6#的硬度为HRC42，但因其含WC和Cr3C2金属陶瓷相比例高，所以耐磨性极高，甚至达到削铁如泥的能力，是抗黏着磨损良好方式。

3.4.2.2 拉延模具划伤焊补工艺

（1）工序

① 500℃炉中预热30min。

② 圈边焊。

③ 回炉均温30min。

④ 打格焊。

⑤ 填平格中槽。

（2）圈边焊工艺（表3-19）

表3-19 圈边焊工艺参数

牌号	直径/mm	起始电流/A	基值电流/A	峰值电流/A	收弧电流/A	脉宽/%	频率/Hz
Casto TIG5Hss	$\phi1.6$	15	20	80~100	20	50	1~2.5
司太立6#	$\phi3.2$	15	20	80~120	20	50	1~2.5

圈边焊需保证外边一侧不咬边，主要有以下注意要点。

① 焊枪略倾向自己，利用电弧微弱推力把熔化焊丝金属向外推出。

② 加丝要在脉冲基值向峰值上升过程中加入，过早丝不熔化，过晚电流下降、熔池回缩，产生咬边缺陷。

③ 加丝要在外侧加入以防咬边。

④ 需要指出的是，常规焊接表面深度0.5mm以下咬边均不作为缺陷，但是在模具修复工作上绝对不允许，模具不可以咬边。

⑤ 焊缝热影响区由于冷却过程中焊肉收缩，受拉伸作用，焊肉旁边母材会下降0.01mm左右。模具焊补的关键是要控制热影响区收缩量≤0.01mm。如果收缩量≤0.01mm，焊接加工后可用手工磨修顺平，多数模具都不影响使用效果。但如果收缩量≥0.01mm，加上磨修表面，就会因亏损太多而不能容忍了。

（3）打格焊和填平格中槽

① 打格焊的目的是减少焊后残余应力，一般单道焊肉宽5~6mm，两道焊肉之间空格也宽5~6mm。

② 填平格中槽应采用跳焊法，不使母材局部过热，通过焊接位置的转变达到均温并减小残余应力的作用。

③ 填平格中槽应用较大电流，以免槽底熔化不良，夹杂物不易浮起，造成焊肉中微小缺陷。普通焊接工艺对于直径≤0.5mm缺陷均可忽略不计，但不适用于模具修复，任何肉眼可见的气孔和夹杂都是不允许存在的。

④ 填平焊过程中，熔池中会有一些金黄色小粒子不停游动，这是由焊丝中的硅氧化物造成的。冷却后收弧位置中间会出现一个黑色玻璃质小点，这时应用左手焊丝轻划，将小夹杂拨出熔池。

⑤ 焊接参数（表3-20）。

⑥ 焊后用岩棉保温或用生石灰池保温。

表3-20 打格焊和填平格中槽工艺参数

焊接位置	起始电流/A	基值电流/A	峰值电流/A	收弧电流/A	脉冲脉宽/%	脉冲频率/Hz	气体流量/（L/min）
打格焊	15	40	80~120	20	50	1~2.5	6~12
填平格中槽	15	40	100~150	20	50	1~2.5	6~12

图3-3 双金属堆焊强化冷冲模具

3.4.2.3 拉延面损伤复形

焊后修复时应采用磨床磨平焊肉的方法，当与母材接近平齐但仍留有0.01mm余量时停止磨削。此时肉眼来看已基本平齐，手指甲划过感觉还存在一个台阶。余下0.01mm采用手工磨修或油石推磨，用钳工平尺、刀口尺检查修复质量。双金属堆焊强化冷冲模具如图3-3所示，冰箱压缩机拉延模具修复如图3-4所示。

图3-4 冰箱压缩机拉延模具修复

3.5 模具修复焊工培训

① 模具修复焊工因要求特殊，需经培训才能胜任此项工作。

② 模具修复焊工需要掌握模具材料性能常识、模具热处理工艺、各种类模具使用工况。

③ 对模具修复专用焊料要充分认识并合理配用。

④ 焊工初期培训技术要点：

a. 刃口焊接与原有刃口连接不出圆角。

b. 平面焊圈边不咬边，热影响区收缩小于0.01mm。

c. 预热温度（500℃）坡口焊接。

d. 培训件准备：规格为100mm×50mm×8mm的Q235钢板，用角磨机磨光处理平面。在四边处练习焊刃口，在平面上练习圈边焊。

e. 工件预热会使焊工操作水平下降50%，反复实战、从容施焊，即可进入高级阶段。

⑤ 工具准备。

a. 模具电磨机。模具电磨机分为电动和风动两种类型。风动转速更高，效率高，振动小。电磨机刀头由硬质合金制造，应购买菠萝状刀头。单刃刀头由于会磨出针状碎屑，对人有害，国外已禁止使用。

b. 角向砂轮。

c. 回火炉（0~600℃）。

d. 各种保温手套、保温布。

e. 红外测温仪（0~600℃或0~800℃）。

f. 铜丝刷。

g. 焊工尖头榔头。

⑥ 焊后锤击消除应力。在裂纹补焊中常采用焊后锤击焊肉的方式减小收缩应力，降低裂纹发展趋势。打底焊料第一层必须阻断裂纹向上扩展，如果裂纹随焊肉上长，说明补焊不成功。此时首层采用段焊（12~15mm）加锤击方式，消除裂纹上扩。锤击方法应用在灰口铸铁补焊时，不能用尖头榔头锤击模具，以免损伤模具表面，应使用尖头錾和平锤锤击焊肉，在温度下降过程中及时锤击封堵裂纹效果最好。

3.6 堆焊方式制造冷剪切磨具

3.6.1 堆焊制造冷剪切磨具特点

① 使用耐磨损、耐冲击性能更好的刃口堆焊料，获得比Cr12MoV钢更高的使用寿命。

② 模具主体一般采用25铸钢或45钢（调制态），模具抗疲劳、抗冲击性能得到大幅提升，不易产生裂纹、掉块等大缺陷。

③ 堆焊工艺简化了加工工艺，制造成本呈下降趋势。

④ 堆焊模具反复修复的可能性大幅改善，模具使用费下降。

3.6.2 粉末高速钢

① 粉末高速钢是耐磨性高于Cr12MoV钢的高寿命替代材料，目前广泛应用于钻

头、铣头等工具。国外如日本大同特殊钢公司向客户供应成品模块，直接采用电加工制造磨具。粉末高速钢采用W6Mo5Cr4V2等作为粘接相，混入WC粉末作为耐磨相烧结成形。随着加入WC金属陶瓷粉末的比例不同，生产出不同牌号的粉末高速钢。如果含WC比例高，粉末高速钢的耐磨性好但冲击韧性下降，因此要按工况进行选择。日本大同特殊钢公司主要生产DEx20、DEx40等牌号的产品。

② 粉末高速钢是高速钢和金属陶瓷粉末的混合物，不具有可焊性，不应使用任何熔化焊工艺对粉末高速钢模具修复。

③ 粉末高速钢价格贵，比重高，主要用于电器、电子行业薄带冲剪，是流水线中的重要工序。国外还生产一定厚度的粉末钢板，烧结在中等硬度厚块上形成复合模具钢，降低了采购成本，提高了磨具耐冲击能力。

④ 粉末高速钢采用镶嵌的方式修复。

a. 利用线切割机床切除损坏部位。采用电加工方法加工一块补块并镶嵌在损坏处，应注意的是补块与缺口之间要留有0.08~0.15mm的钎焊间隙。

b. 使用BAg72Cu高银钎料，可获得高的耐冲击焊缝和较低的钎焊温度。钎剂采用QJ101或者QJ102均可。

c. 工件丙酮去油后，用金刚石油石磨去线切割面上的积炭等污染物，刷涂糊状焊剂（QJ101加分析纯乙醇调成糊状）后，将工件放入500℃回火炉预热1h。

d. 采用气焊枪把预热工件加热至780~820℃，用涂有焊剂的焊丝在焊缝处划动，母材温度上来后，焊剂会迅速熔化并沿焊缝扩散。

e. 焊工的训练项目之一是在色镜下判断温度，并观察温度的均匀程度。焊剂最高使用温度是850℃，超温工件会氧化，使钎剂无法流动。模具体积大散热快，补块小则极易过热，因此主要加热模具到一定温度，待火焰略微加热补块后，立即加入钎料。火焰要沿着焊接缝摆动，促使钎料延缝铺展。左手换持5~6mm钢棒轻敲补块使其沿缝来回滑动，可加快去除表面氧化膜。火焰缓慢拉开，用钢棒轻压补块至500℃以下。

f. 火焰不与焊丝置于同一面，以免补料过早熔化并堆在表面。焊工的眼睛和手的积极配合是操作关键。

3.6.3 堆焊制造冷作模具工艺

3.6.3.1 毛坯准备

① 45钢毛坯铣削*R*5.0mm刃口圆角，如果熟练程度差一些可开*R*6.0mm圆角。堆焊时先用打底焊料焊一个过渡层。*R*5.0mm圆角用不打底刃口料直接堆焊。

② 采用窄焊道堆焊以分散残余应力。

3.6.3.2 堆焊工艺

① 为减少焊料成本，可采用ϕ2.0mm直径的W6Mo5Cr4V2高速钢丝代替进口专用

焊丝。

② 堆焊R5.0mm圆角时，峰值电流应为80~100A，焊丝始终熔于熔池中，并轻轻上提，不让其下滑。

③ 毛坯尺寸应预留0.10~0.30mm余量，以便于加工。

④ 焊后模具置于550℃炉中3次等温回火。工序为550℃（2~3h）→常温→550℃（2~3h）→常温→550℃（2~3h）→常温。回火可消除残余应力，另外W6Mo5Cr4V2会析出硬质相进一步提高耐磨性。

⑤ 高速钢中硬质相多，不做3次等温回火，焊接状态耐磨性也会超过Cr12MoV。

3.6.3.3 凸凹模合并堆焊

① 在一个风机叶轮片冲模制造中采用凸凹模合并堆焊工艺，大幅度降低了制造成本，获得比Cr12钢更高的使用寿命。

② 母材为45钢板调质态，六面加工后，利用数控铣床开堆焊坡口。

③ 采用W6Mo5Cr4V2高速钢丝，堆焊填平坡口。峰值电流应处于高值（120~150A）。

④ 用磨床磨平上平面，用线切割机加工刃口。

⑤ 模芯翻转180°向下即为凸模，外框平置为凹模。

⑥ 按冲剪钢板厚度选择线切割钼丝直径，可控制凹凸膜间隙。

⑦ 风机叶片两端棱角多，线切割后，经模具钳工手工修配。

⑧ 毛坯本身45钢加工性能好，因此堆焊模具上下对位精度很高。

⑨ 经实践证明，模具寿命高于Cr12，制造成本低。

冷作模具堆焊工艺如图3-5所示。

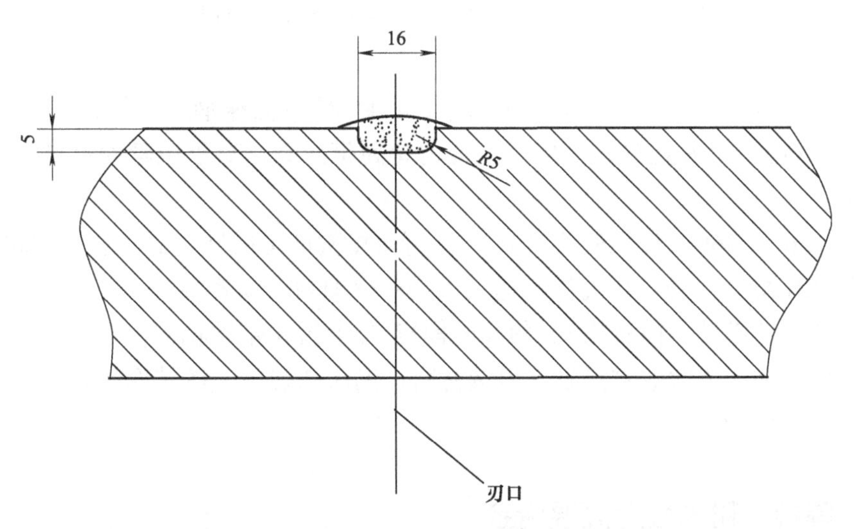

图3-5 冷作模具堆焊工艺

3.7 冷作模具强化工艺

3.7.1 堆焊高韧性高耐磨焊料

堆焊高合金材料代替普通冷作模具钢生产高寿命模具，是模具强化的重要工艺之一，也是生产厂降低模具使用费和生产成本的重要手段。堆焊焊料选择见表3-21。

表3-21 堆焊焊料选择

焊丝牌号	作用	性能
Casto TIG5Hss	堆焊刃口拉延面	钼基高速钢韧性高，使用寿命高于钨基高速钢
W6Mo5Cr4V2	堆焊刃口拉延面	耐磨性高于Cr12MoV
司太立6#	堆焊刃口拉延面	耐磨性高，抗黏着磨损
Casto TIG6055 马氏体时效钢	堆焊汽车等大型 模具刃口，30°角汽车模具	适用于汽车覆盖件大型模具堆焊制造，唯一可用于30°角汽车冲剪模具

① 钼基高速钢堆焊冷作模具虽然有好的使用效果，但进口成本高，焊后加工难，必须加以注意。

② W6Mo5Cr4V2丝材容易采购，但其韧性比钼基高速钢差一些。

③ 钴基合金司太立6#适合电子行业薄金属带冲剪，对于拉延模具抗黏着磨损有好的效果。

④ Casto TIG6055焊后硬度HRC42，可直接机加工成型，时效温度420℃，硬度会上升至HRC55。国外应用此法可达到火焰淬火钢的同样效果。

汽车覆盖件模具中独特的30°角冲剪模具，30°锐角刚性和韧性要求高，常用材料会快速断裂。马氏体时效钢是唯一可选材料。淘汰断裂块，按其形状堆焊成型，机加工后420℃时效3~8h。

3.7.2 等离子粉末堆焊高温合金

等离子粉末堆焊工艺广泛用于高温阀门、内燃机气门、气门座堆焊。国外手持式等离子粉末堆焊机用于汽车覆盖件模具的修复和强化，已经应用多年，特别适用于拉延模具黏着磨损工况表面的寿命提高。堆焊粉末化学成分见表3-22。

表3-22 堆焊粉末化学成分（质量分数） %

牌号	C	Ni	Cr	B	Si	Co	W	Mo	Fe	粒度
司太立6#	1.15	3.0	29		1.1	余量	4.0	1.0	3.0	-100~+320目
Ni60	0.65	余量	15	3.1	4.3			0.1	4.0	-150~+320目

① Ni60粉末堆焊后硬度为HRC58~62，摩擦因数低，是一种减摩耐磨材料。其弥散分布的碳化物陶瓷相耐磨性大幅升高。更为重要的是粉末合金熔点950~1050℃低于模具钢熔点。因此合金在模具表面铺展不会产生咬边缺陷，大大有利于模具拉延面划伤的修复。

② 钴基合金司太立6#具有防钢板黏着磨损作用，它也是一种制止铁板划伤的方法。汽车覆盖件钢板拉延成型不允许有明显的拉延划伤，不允许刮腻子直接喷漆，因此必须降低拉延面划伤。

3.7.3 移动式等离子粉末堆焊机

① 移动式等离子粉末堆焊机包括手持式焊枪、送粉器、控制器和电源四部分。首先介绍到国内应用的是卡斯特林GAP375型焊机，其特点是等离子弧焰流较软，挺度冲击力不强，因此对精密工件表面保护好，不易产生咬边缺陷，广泛应用于汽车覆盖件模具表面划伤和顶角磨损堆焊修复。

② 等离子粉末堆焊机应用粉末有以下三个体系。

a. Ni-Cr-B-Si系，包括Ni25、Ni35、Ni45、Ni60等粉末，可以制造HRC25~60不同硬度的合金。镍基合金不适用刃口修复。

b. 钴基合金，司太立21#、司太立6#、司太立1#也属于常用粉末。钴基合金有高的红硬性，适用于热作模具堆焊。在冷剪刃口堆焊会制造出非常锋利的刃口，如果用于划伤缺陷修复，则有比Ni基合金高的抗黏着磨损作用。

c. Ni60+35%WC混合粉末，这种混合粉末用于更高抗磨损要求的工况，弥散在合金中的WC金属陶瓷粉末在抗磨过程中起到支撑点和抗磨两个作用。

等离子喷焊应用如图3-6所示，汽车气门的等离子喷焊如图3-7所示。

3.7.4 喷涂钼基合金

喷涂钼基合金涂层长期应用于内燃机活塞环、变速箱、拨叉等减摩要求的工况，大幅度提升了汽车的质量。国外把钼涂层应用于汽车覆盖件模具划伤修复，大幅度降低了其与铁板之间的磨损阻力，改善了工件的表面质量。

图3-6　等离子喷焊应用

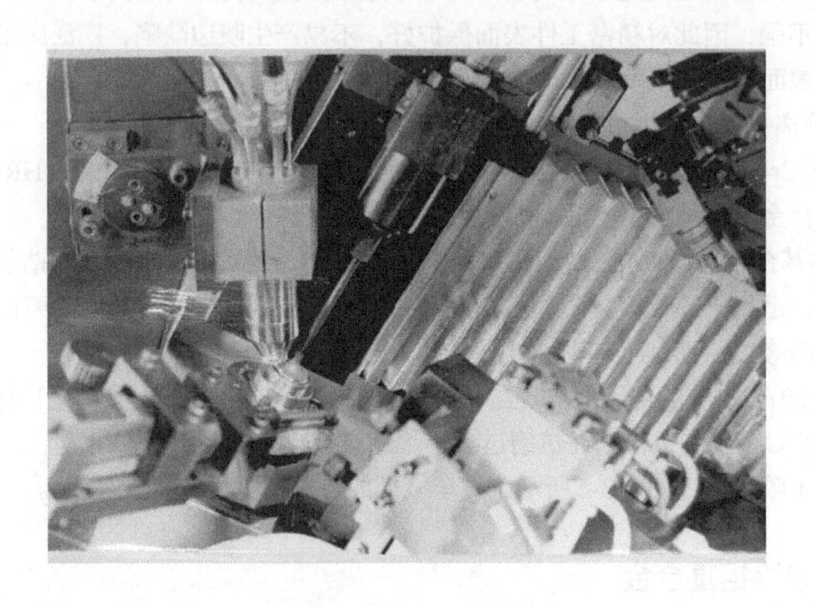

图3-7　汽车气门的等离子喷焊

国外一般使用移动式等离子喷涂机喷涂钼粉末制造钼涂层。如果使用高速电弧喷涂机，也可以获得相同质量的涂层。

此项工艺适用于汽车等大型工件拉延模具，小型模具使用未曾见到。

3.7.5 镀膜（PVD、CVD）

近年来，真空镀膜技术广泛用于刀具制造，国外把PVD、CVD技术应用于高寿命的电器、电子工业冷冲模具强化，获得可喜成果。真空镀膜层材料TiN、TiC、CrN、Cr_3C_2等属于金属陶瓷，硬度高于铁，摩擦因数低，抗黏着磨损能力强，提高了模具使用寿命。目前PVD技术已经向高档滚珠轴承工业发展，大幅度提高了轴承使用寿命。在飞机发动机高速高温轴承上也得到了成功应用，起到减摩和抗磨损作用。

3.7.6 电刷镀技术

电刷镀技术用于机械零件维修，在轴径磨损修复中获得广泛应用已有20~30年历史。国外在汽车覆盖件拉延模具划伤修复上已经广泛应用此项技术。因拉延模具承受高应力磨损，对涂层结合强度提出了更高的要求。国内如欲推广使用电刷镀技术，对于镀液、刷镀机、工艺方面仍需要下更大的力气。

3.8 汽车覆盖件模具修复与堆焊制造

汽车覆盖件模具体积大、制造成本高，如汽车制造厂不能完成模具修复工作，将大大增加模具使用成本。尤其是单型号车台生产量超过20万辆之后，模具损坏率会大大增加。因此推广汽车覆盖件模具修复技术，是企业增产增效的有力办法。

3.8.1 汽车覆盖件灰口铸铁和合金铸铁模具修复

3.8.1.1 铸铁焊接材料（表3-23）

① 国产铸308和铸408两种手工电弧焊丝，药皮类型均为石墨型，此种药皮套筒作用不明显，造气能力弱。仅适合平焊和横焊两种位置。电弧呈短路过渡状态，但是过渡频率低，焊接工艺需通过练习才能掌握。为修复铸铁模具，需要用铸308、铸408焊出结422钛钙药皮的焊条外观质量，工艺手法在后续详述。

② 卡斯特林2240是众多铸铁焊条中的常用品种，与铸308和铸408相比工艺性

好。药皮造气量大，适合立焊、仰焊位置操作，并且抗油污能力强，适合柴油机气缸模具的修复。瑞士卡斯特林集团是德国梅塞尔集团的子公司，主要从事热喷涂、喷焊、钎焊和各种材料焊接以及机械零件的修复工作。20世纪60年代，我国开始把卡斯特林公司的技术引入并逐渐开展设备、材料方面的国产化工作。目前热喷涂、喷焊技术在国内发展很快，但铸铁焊补技术逐步边缘化，几十年之间竟然没有多少改进。

表3-23 铸铁焊接材料选择

焊条丝牌号	直径/mm	使用电流/A	极性	药皮类型	位置
铸308	$\phi3.2$	100~110	正接	石墨型	平焊、横焊
铸408	$\phi3.2$	100~110	正接	石墨型	平焊、横焊
卡斯特林2240	$\phi3.2$	100~110	正接	石墨型	全位置

③ Casto TIG224是钨极氩气保护焊铸铁专用焊丝，主要用于补焊高质量铸铁零件，是防止焊接咬边的必备焊料。

3.8.1.2 国产铸308和铸408焊接工艺

① 采用直流电焊机焊条正极接（焊条接负极）。

② 电流（$\phi3.2$mm焊条）100~120A，不要采用120A左右电流，以免产生咬边缺陷。

③ 不要采用$\phi4.0$mm直径焊条，以免产生咬边缺陷。

④ 轻轻划擦引弧摆动焊条，在坡口边停顿，等待两次短路过渡。两次过渡后，焊条端头被移动至坡口另一边。坡口两边停顿中间熔池移动速度快一些。短路过渡一次融合不良，3次则容易产生咬边缺陷。

⑤ 短弧施焊，焊条直径为$\phi3.2$mm，正常电弧距离为3.2mm。弧长应保持在2.0mm左右。石墨型药皮工艺性差，弧长过短会产生熄弧问题。

⑥ 每道焊肉宽度应控制在15mm左右。

⑦ 铸308、铸408药皮无抗油功能，除采用工件去油（温度为350~400℃，时间≥3.0h）之外，也可以先快速焊一道，再用角向砂轮磨去气孔部位重新施焊。

⑧ 采用段焊模式，每段20~25mm。停焊后风錾（磨平头$\phi4.0$~5.0mm），锤击去应力。

⑨ 加强高控制在0~1.0mm之间，以免热影响区拉裂。

⑩ 铸铁补焊重要环节之一是控制基体温度，适宜温度是60℃。除使用红外测温仪之外，裸手扶工件，如感觉到热但不烫手，可长时间忍受，此时温度为60℃。烫手时要停焊，等待工件散热至60℃，再开始焊下一段。

⑪ 焊肉最外面改用小锤平面锤击，以免伤及未焊部位。

3.8.1.3 Casto TIG224焊丝

Casto TIG224焊丝用于钨极氩气保护焊补焊丝精密铸铁件，对防止焊接咬边缺陷起到特别重要作用。国内外焊料生产厂未见有同类产品供货。铸铁堆焊工艺参数见表3-24。

表3-24 铸铁堆焊工艺参数

电源	初始电流/A	基值电流/A	峰值电流/A	收弧电流/A	频率/Hz	比率/%	气流/（L/min）
脉冲直流	20	20~40	80~110	20	1~2	各占50	8~12

① 提早加丝覆盖熔池，以免铸铁过热。

② 加丝从需保护面低位伸入保护交界面。

③ 焊枪向后倾斜一个角度，用于把熔化焊料推送至交界面。

④ 峰值电流上升，在熔池逐渐长大过程中加入焊丝，左手水平低，可降低频率。

工程车铸铁缸体裂纹修复如图3-8所示，铸铁构件的修复如图3-9所示。

图3-8 工程车铸铁缸体裂纹修复

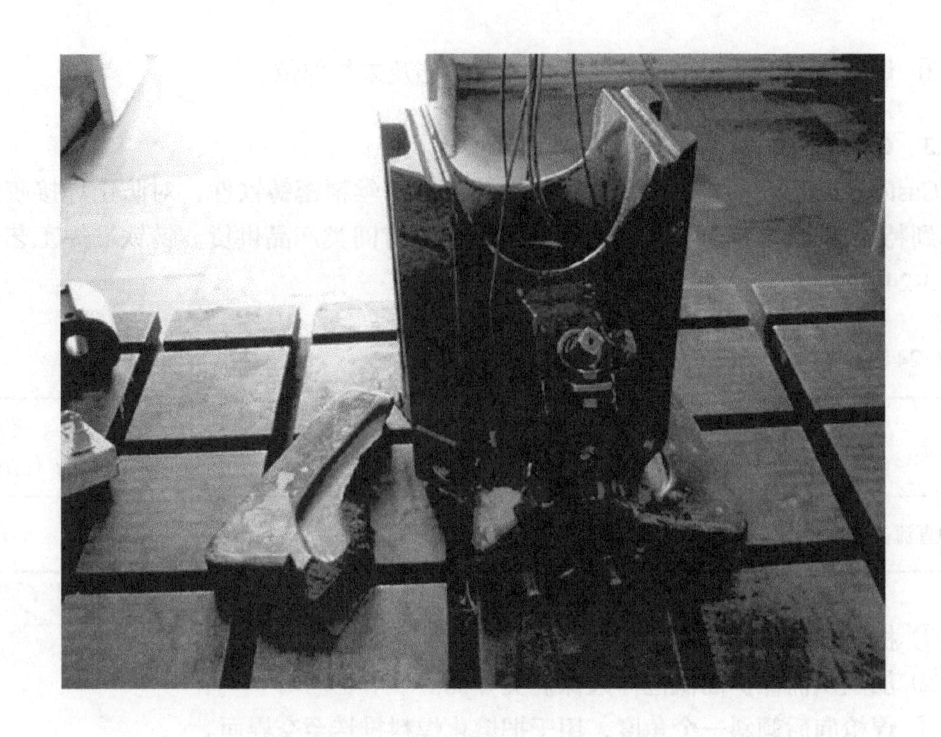

图3-9 铸铁构件的修复

3.8.1.4 等离子粉末堆焊工艺

等离子粉末堆焊用于铸铁补焊有其工艺优势，利用Ni-Cr-B-Si粉末熔点低于铸铁的特点进行焊补，不易产生咬边缺陷。需要注意的是，等离子粉末堆焊机多数用于阀门堆焊，不适应维修工作。

国外用于汽车等大型模具修复的堆焊机叫作移动式等离子粉末堆焊机。机身小，适合拖至模具旁边现场施焊。典型机型为卡斯特林GAP375型，GAP375型机等离子弧挺度低比较柔软，用于喷焊，母材熔化量小。铸铁杂质不易上浮，焊层质量高，合金稀释率低。更为重要的是，可有效防止咬边缺陷产生，对操作工艺的要求难度大幅下降，是适合修复作业的先进工艺，在国内得到良好的应用。

3.8.1.5 火焰喷焊

一步法火焰喷焊工艺是热喷涂工艺的一个品种，技术来源于卡斯特林公司，上海焊割工具厂已有数十年的设备生产经验，在国内得到长期应用。此项工艺应用注意以下几个问题。

① 铸铁一步法火焰喷焊工艺本质是铸铁镍基合金钎焊，铸铁不熔化但加热至镍基合金熔点，焊粉熔化与铸铁钎焊结合。如母材温度过高或接近熔化，则会在焊肉内萌生大量缺陷。

② 喷焊工艺采用左向步进焊法，加热和喷粉交替进行，形成一个个叠加熔池，

可以焊成外观均匀整齐的焊缝。喷焊工艺要求操作人准确判断工件温度，先喷涂薄层粉末覆盖焊口，以免铸铁母材加热氧化。工件达到自熔合金熔点开始点动送粉，停粉加热至合金熔化，由重复叠加熔池形成完整焊缝。

③ 镍基自熔合金之中硬度最低的粉末Ni25适合铸铁焊接，因Ni25合金中B、Si两种元素含量小于2%，因此工艺性差。B、Si既是合金剂又是脱氧剂，低硬度的镍基自熔合金，工艺性差是必然现象。

④ 卡斯特林10224型粉末是为铸铁焊接专门设计的粉末，具有以下三个特点。

a. 10224型粉末不含Cr，是典型Ni-B-Si型粉末，因此合金硬度更低，接近铸铁。

b. 10224型粉末含Cu，粉末熔点更低，它有好的铸铁焊接工艺性。

c. 10224型粉末含铁量低，抗氧化能力好，工艺性突出。

⑤ 一步法火焰喷焊工艺主要应用在玻璃模具的合缝口喷焊技术中，可大大减小玻璃瓶的合缝口毛刺。每年玻璃业都成为自熔合金使用的主要用户，国内应用不普及。

⑥ 汽车覆盖件模具体积大，火焰加热困难，适合边角部位修复。例如，修复圈圆机上下铸铁壳合缝时，一次性堆焊8m焊缝，由于火焰喷焊堆焊后无缺陷，旧壳体成功恢复使用，大大延长了整台机器的使用寿命。

⑦ 火焰喷焊焊肉内缺陷极少，适合要求密封性高的铸铁工件焊接，国外常用在汽车气缸、油底壳、排气管焊补，焊肉密封性能远高于手工电弧焊。

潜艇推力盘喷焊如图3-10所示，钢厂输送辊的喷焊强化如图3-11所示。

图3-10　潜艇推力盘喷焊

图3-11 钢厂输送辊的喷焊强化

3.8.2 火焰淬火钢模具修复

3.8.2.1 火焰淬火钢的广泛应用

目前，汽车覆盖件冷冲压模具广泛采用火焰淬火钢生产成为大的趋势。火焰淬火钢使用有四大特点。

① 以退火或调质态低硬度供货，不影响机加工工艺的进行。

② 适合分块加工，最后拼接固定在整体模架上，大幅度减小模块体积。

③ 采用普通氧-乙炔火焰加热刃口，现场浇水工艺淬火，简单易行。

④ 模块基体硬度低，有效防止断裂缺陷的产生，大幅度提高模具使用寿命。

国外一般使用GM190、HMD5、CH-1火焰淬火钢，ICD5、ICD1风冷铸钢，HMD1风冷锻钢等制造汽车覆盖件模具。国内则使用7CrSiMnMoV、9CrSi等牌号钢种。

3.8.2.2 火焰淬火钢的火焰修复

① 火焰淬火钢基体未完整淬火，冲击韧性好，不易出现大型缺陷。常见的刃口疲劳、崩块等小缺陷，补焊容易。

② 先把模块从模架上拆下，便于预热和修复。预热温度400~500℃按缺陷部位大小调整，小缺陷可采用400℃预热。

③ 受冲击力大部位补焊，应采用Casto TIG680、Casto TIG2222等打底焊料垫底。

④ 火焰淬火钢一般没有标配的专用补焊焊丝，卡斯特林推荐采用Casto TIG506代用。Casto TIG506是为耐热钢H13（4Cr5MoSiV1）配用焊丝，代替补焊火焰淬火钢，工艺性良好，再次淬火获得与母材相似的硬度。笔者使用506修复数量众多的覆盖件模具，从未在生产中发现问题，可见替代焊料选择的优势。

⑤ 火焰淬火钢合金含量较高，焊接过程产生中淬硬现象，焊后置500℃炉中回热会改善淬硬现象，达到温度后2h随炉冷却。

3.8.2.3 焊后修复工作

① 焊后修复一般采用手工操作，常用工具有手砂轮和模具电磨机（硬质合金铣刀）。

② 一般按原形顺平，或采用标准样板比对。

③ 如果需采用机械加工，要按500℃回火工艺进行回火。

3.8.3 马氏体时效钢堆焊制造覆盖件模具

① 马氏体时效钢采用中低含碳量，含有高钴、高镍成分提高强度和冲击韧性。附加钼、钛等析出化合物元素提高时效后的硬度值。因此是一类高强度、高韧性的钢种。

② 马氏体时效钢用于飞机发动机主轴、起落架、航天火箭捆绑带、冶金钢水车弹簧等部分。

③ 卡斯特林公司马氏体时效钢焊丝Casto TIG6055是一种多用途焊料。除用于大型冷作模具堆焊之外，还用于压铸模具浇口高温区和镜面塑料模具补焊。

④ Casto TIG6055焊后硬度为HRC28~32，适合硬质合金铣刀和镀膜刀具加工。

⑤ 国外采用25铸钢铸造整体模具，对于刃口和弯曲顶角，使用数控铣床加工出焊接坡口，呈内凹圆弧状。

⑥ 使用ϕ1.0mm或ϕ1.2mm细丝MAG焊（混合气体保护焊）机器人自动堆焊。

⑦ 焊后置于数控铣床加工刃口和顶角。

⑧ 时效工艺为将模具放置在420℃中温炉中3~8h，6055焊肉硬度上升为HRC55~58，一般时效温度小于480℃。

汽车覆盖件模具修复如图3-12所示。

图3-12　汽车覆盖件模具修复

3.9　30°锐角冲剪模具应用和修复

3.9.1　30°锐角冲剪模具应用

30°锐角冲剪模具常用于制造汽车覆盖件，是汽车模具独有的形式。尖锐角度造成对模具材料的强度和冲击韧性的高要求。常用模具钢无法满足要求，尖角断裂破损率高。

3.9.2　30°锐角冲剪模具修复

① 制备锐角形状样板，以便堆焊时比对外形。

② 打磨除去断口组织1.0mm以上。

③ 堆焊打底焊料Casto　TIG680或Casto　TIG2222厚1.0mm以上。

④ 使用马氏体时效钢Casto　TIG6055堆焊完整尖角，并保留充分余量。

⑤ 置420℃炉中回火3~8h。

⑥ 返回原厂由钳工修复模具。

3.9.3 Casto TIG6055焊丝

① Casto TIG6055时效后硬度为HRC55，抗拉强度为150~180kg/mm²，韧性δ=10%~12%。同时保持高硬度、高强度和高韧性。

② 国内厂家使用6055多次修复30°锐角冲剪模具，获得了与国外相同的效果，解决了30°锐角易断裂的问题。

3.10 覆盖件模具制造对堆焊工艺的利用

覆盖件模具修复工作量中，50%用于新模具，主要针对以下情况。

① 制造过程中的缺陷。

② 试模后尺寸微调。

③ 模型修改。

从以上情况可见，堆焊工艺完善了覆盖件模具制造流程的整体性，使工艺可逆，避免了工厂的重大损失。

3.11 热喷涂工艺快速制模

热喷涂制模是国外20世纪70年代开发的一种快速制模技术，特点是制造时间短、成本低，广泛应用于汽车新产品试造，航空、航天小批量生产和生产简易注塑模具，例如大量用在制鞋工业中。

3.11.1 喷涂制模工艺

喷涂制模工艺分为以下几个步骤。

① 制造毛坯。传统毛坯选用木材、塑料等软质非金属材料，加工成毛坯原型。目前大多采用激光3D打印机，烧结光敏树脂制造毛坯。如果有原型件，可以代替毛坯，例如制鞋和工艺品，直接生产模具。

② 母型毛坯外表面喷涂防粘剂，防粘剂采用水溶性聚乙烯醇（PVD）。一般喷涂

2~3次，烘干固化防粘剂（102℃）。

③ 使用电弧喷涂机喷涂锌或锡合金，在涂有防粘剂的母材毛坯表面，厚度为1.5~2.0mm。

④ 将毛坯母型放置于水中加热，溶解聚乙烯醇。取出毛坯轻振或摇毛坯，分开锌合金涂层。

⑤ 使用4~12mm厚的Q235钢板焊制模具边框，合模面需经机加工。

⑥ 在光整的花岗岩平板或厚玻璃板上喷涂离型剂，离型剂通常采用防粘效果好的硅油。将锌合金薄壳扣在平板上，在外围放下边框。

⑦ 锌合金模型作为模具表面使用，背面需浇铸树脂填料，支撑模具的冲击工况。国外有专用的树脂（甲醇丙烯酸树脂）和混料配方。配方分为两大类，冷冲压模具树脂中加入石英砂为填料。注塑模具加入铝粒和铝粉，以加快散热速度。国外采用70%铝粒+15%铝粉+15%树脂，用混胶机混匀浇铸。实际操作需要先做小样试验。树脂不同，浇铸性能就有差异；模具复杂程度不同，浇铸填充情况也不同。填料过量，胶料流动性差，窄向填不满，造成缺损；填料过少，会出现固体粉末下沉，模具抗冲击能力下降等问题。国内浇铸可选用液态橡胶增韧的环氧树脂，此类胶粘接强度高，固化后耐冲击性能好。环氧树脂双组分混合后等待15~40分钟，会出现一个放热的过程，夏天可分次浇入，采用风吹方法加强散热。冬季一般不会出现过热反应。过热反应会萌生大量气体，破坏组织结构。混合后胶体温度控制是重要参数，另外，尽早混入填料也是降温措施之一。快速制模是一个连贯的复杂工艺，国内山东烟台机械工艺研究所最早开发此项技术，值得学习和借鉴。

3.11.2 电弧喷涂工艺和设备

3.11.2.1 电弧喷涂工艺简介

电弧喷涂是热喷涂技术中一项重要的组成部分，与火焰喷涂、等离子喷涂、高速火焰喷涂和爆炸喷涂等工艺并列。其特点是效率高、成本低，因此大规模应用于大型钢结构喷涂金属长效防腐蚀工程之中。

电弧喷涂时将两根带有正负电压的金属丝，同步送入喷枪之中，丝材接触引起电弧，熔化金属被压缩空气雾化并喷在工作表面形成涂层。电弧喷涂金属颗粒可获得140~250m/s的飞行速度，因此可以得到质量比较高的涂层。

电弧喷涂适用于低硬度金属，高硬度金属拔丝困难。应用材料包括铝合金、锌合金、钼合金、不锈钢、高温合金、低碳钢等。近十几年来，国内药芯电弧喷涂丝大规模投入使用，可生产大面积的低成本高硬涂层，获得越来越广泛的推广应用。

3.11.2.2 电弧喷涂机

电弧喷涂机的结构相似于熔化极气体保护焊机，分为喷涂枪、电缆组、送丝机和电源四部分。电弧喷涂机虽然和焊机结构相似，但是却有性质完全不同的电弧状态。焊接电弧是稳定的连续电弧，而电弧喷涂是被高速高压空气不断吹灭又不断接触引弧的间断连续状态。另一个最大不同是喷涂丝热量被压缩空气带走，形成典型的冷阴极、冷阳极状态。因此，如欲获得稳定的间断电弧，喷涂机的喷枪、送丝机和电源均有极为特殊的高标准要求。

3.11.2.3 电弧喷涂工艺特点

① 喷涂工艺参数。电流150~300A，电压22~26V，气压0.4~1.0MPa。可以看到电弧工艺仅有三个参数，非常简单，通常一个熟练焊工15min就可以完全掌握，而且3项参数都有宽的调节范围。

② 测定电弧设备的优劣有简易的方法。首先，选用26V电压观察电弧是否稳定，如果稳定，调为24V电压，电压能够稳定在22V时，证明电弧设备性能优良。

③ 有的设备问题很多，例如喷锌电压需要升至30V左右，电弧才能稳定。锌的熔点416℃，沸点512℃，是一种熔点与沸点过于接近的金属。喷涂电压越高，锌蒸气量加大，气态锌会在空气中氧化形成粉状氧化锌，所以电压越高，涂层质量越差，沉积率下降，成本上升。

④ 除实测电压之外，把两根导电管折弯成90°，此时送丝阻力增大，电流值下降。如果电弧始终稳定，证明设备稳定性高，电源动特性好。这样的设备很容易获得好的涂层质量。

⑤ 国内锌丝来源不同，有时会遇到锌中含有少量铝合金的情况，此种锌合金喷涂稳定性差。

⑥ 国内电弧喷涂机配用ϕ2.0mm和ϕ3.0mm两种标准喷涂丝。中国农机院表面工程技术研究所的DZ500E电弧喷涂机有标准型（ϕ1.6mm和ϕ2.0mm）和粗丝型（ϕ3.0mm）两类。其喷枪电缆、送丝机不相同，但电源是相同的。DZ500E配合500A标准电源，允许300~380A连续工作。300A使用电流情况下，每小时可喷涂21kg锌丝，具有很高的生产率。

⑦ 电弧喷涂机输入功率为20kW左右，空压机为20~30kW，加上室内吸风除尘装置、附属喷砂机，用电总量接近100kW。

3.11.2.4 喷涂快速制模辅助工艺

热喷涂快速制模是一项系统的复杂工程，除前面介绍的工序之外，还有多项辅助工艺，同样起到重要作用。

① 为加强冷拉延模具折弯角的耐磨性，在顶角部位预制钢架，喷涂过程中，钢架与锌喷涂层连接在一起。脱模后用树脂浇铸完成固化一体。

② 除棱角用钢替代之外，还会制作起支撑作用的钢架，放置在浇铸树脂框架内，起到加强整体强度的作用。

③ 注塑模具树脂固化需要散热，因此注塑模浇铸前需要放入铜制冷却管道。管

道成蛇形管排列，以加大吸热面积，成模后通入冷水散热。

④ 国外热喷涂快速制模工艺应用中开发了多种新工艺。例如，用一个母模型先喷涂制造一个阴模，将阴模涂防粘剂后，喷涂阳模外壳，再浇铸出成品阳模。

⑤ 需要指出的是，国内防粘剂、脱模剂、树脂等辅助化工用品要经过性能试验才能确认，因此工艺开发的工作量较大。

热作模具的修复和强化技术

4.1 热作模具钢

4.1.1 热作模具的使用工况

热作模具是将加热到再结晶温度以上的固态或液态金属压制成型的工具，包括热锻模具、热挤压模和压铸模三类。热作模具工作条件的主要特点是模具与热态金属相接触，这是与冷作模具工作条件的主要区别。热作模具的工作条件主要有以下三个方面。

① 型腔表层金属受热。尽管热锻模具不同，型腔表层金属受热温度也不相同，但是最低也有几百摄氏度；热挤压模具与压铸模具型腔表层温度则更高。

② 型腔表层金属产生热疲劳。热作模具的工作特点是具有间歇性。每次使热态金属成型后都要用冷却介质冷却型腔的表面。因此，热作模具的工作状态是反复受热和冷却，从而使型腔表层金属产生反复的热胀冷缩，即反复承受拉压应力作用。其结果是引起型腔表面出现裂纹，称为热疲劳现象。

③ 载荷作用。热锻模的锤锻模受强烈的冲击载荷和工作应力，而热挤压模具和压铸模具是在高压下服役的。

4.1.2 热作模具钢的性能要求

热作模具钢一般有以下性能要求：高的高温强度（硬度）和热稳定性；良好的塑韧性；良好的热疲劳抗力、化学稳定性；良好的工艺性等。而对于热作模具的性能要求则主要有以下两个方面。

（1）使用性能

① 硬度和红硬性。

② 耐磨性。

③ 强度和韧性。

④ 热疲劳性能。热作模具工作时，除承受周期性载荷作用之外，还要承受高温及周期性的急冷、急热变化。热交变应力易使热作模具材料发生疲劳破坏，导致模具热裂。

（2）工艺性能

① 加工性。热作模具材料的加工性主要包括冷加工中的切削加工性能和热加工

中的锻压加工性能两种。它主要取决于钢的化学成分和热处理工艺等。

② 淬透性和淬硬性。热作模具对这两种性能的要求根据其工作条件不同有所侧重。对于小型模具，由于尺寸小，容易淬透，所以只要求高的硬度，偏重于高淬硬性；对于尺寸较大的模具，如果截面未淬透，则回火后未淬透部分的屈服点和韧性会显著降低，影响模具工作寿命，所以其淬透性更为重要。

③ 热处理变形性。热作模具在热处理时，尤其是在淬火过程中，要产生体积、形状变化，为保证模具质量，要求模具钢的热处理变形小，各方向变化相近似，且组织稳定。它主要取决于热处理工艺和钢的冶金质量等。

④ 脱碳敏感性。热作模具如果在无保护气氛下加热，其表面会发生氧化、脱碳现象，就会使其硬度、耐磨性、使用性能和使用寿命降低。因此，要求模具钢的抗氧化、脱碳性好。对于某些氧化、脱碳敏感性强的热作模具钢，可采用特种热处理，如真空热处理、可控气氛热处理等。

4.1.3 热作模具材料的选用

影响热作模具使用寿命的因素很多，如工作温度、承受的载荷、模具的形状与尺寸、被加工材料的性质、质量、成型方式等因素。选择热作模具材料要综合考虑这些因素，合理选用，并且模具钢的纯净度要高、等向性要好，经过炉外精炼和多向锻造，确保热作模具工作寿命。

（1）热锻模用钢

一般来说，热锻模用钢有两个问题比较突出：一是因工作时受冲击负荷作用，所以对钢的力学性能要求较高，特别是对塑变抗力及韧性要求较高；二是热锻模的截面尺寸较大，所以对钢的淬透性要求较高，以保证整个模具组织和性能均匀。常用热锻模用钢有5CrNiMo、5CrMnMo、5CrNiW、5CrNiTi、5CrMnMoSiV等。不同类型的热锻模应选用不同的材料：特大型或大型的热锻模以5CrNiMo为好，也可采用5CrNiTi、5CrNiW或5CrMnMoSi等；中小型的热锻模通常选用5CrMnMo钢。

（2）热挤压模用钢

对于生产轻金属及其合金的热挤压模，由于工作温度较低，尤其是对于那些容易开裂、带尖角或薄壁的形状复杂的模具，宜选用韧性较好的热作模具钢，如4Cr5MoSiV、4Cr5MoSiV1等。对于挤压钢、铜及铜合金的模具，由于工作温度高，一般选用高温强度较好的热作模具钢，如3Cr2W8、4Cr3MoW2V等。热挤压模的工作特点是加载速度较慢，因此，模腔受热温度较高，通常可达500~800℃。对这类钢的使用性能要求以高的高温强度（即高的回火稳定性）和高的耐热疲劳性能为主。常用的热挤压模有4CrW2Si、3Cr2W8V、5%Cr等热作模具钢。

（3）压铸模用钢

压铸模具在服役条件下不断承受高速、高压喷射、金属的冲刷腐蚀和加热作用，从总体上看，压铸模具用钢的使用性能要求与热挤压模具用钢相近，即以要求耐磨性、高的回火稳定性与抗热疲劳性为主，所以通常所选用的钢种大体上与热挤压模具用钢相同。从总体上来看，压铸模用钢的使用性能要求与热挤压模用钢相近，即以要求高的回火稳定性与高的热疲劳抗力为主，所以通常选用的钢种大体上与热挤压模用钢相同，如常采用4Cr5MoSiV1和3Cr2W8V等钢，但又有所不同，如对熔点较低锌合金压铸模，可选用40Cr、30CrMnSi、40CrMo等；对铝和镁合金压铸模，可选用4CrW2Si、4Cr5MoSiV（H13）等；对铜合金压铸模，多采用3Cr2W8V钢。随着黑色金属压铸工艺的应用，多采用高熔点的铝合金和镍合金，或者对3Cr2W8V钢进行Cr-Al-Si三元共渗，用于制造黑色金属压铸模。

① 国内原用3Cr3W8V（后改用H13），国外热作模具钢是一个家族而不是一个牌号。例如美国就有H10、H11、H12、H13等牌号，不同厂商又有高寿命的专利耐热钢种。国外大型压铸模和小型压铸模用料不同，压铸合金不同选择不同牌号模具钢。国内“独一钢号打天下”的状况已经持续多年，即使出现新钢种，在市场上也买不到。

② 国外模具钢以标准规格的扁钢供货，按订货长度切块。到货后轻铣六面或磨削六面，直接开始加工模腔。辅助工时少，加工速度快。国内模具钢规格无标准，原坯需经改锻，去皮尺寸也无概念，去少了怕出氧化物夹杂，去多了浪费太大。日本采用美国迪顿公司标准作为其国标，模具钢尺寸和规格都采用标准化，连模架模具附件都统一了标准，因此，日本一般以小时为单位计算模具交货期。

另外，国外钢厂没有按标准规格出售的精密模块，模块均经磨削加工处理，客户购买后可直接加工模型。

③ 国外模具材料购买到手之后由模具厂粗加工成型，毛坯送回钢厂附设的热处理工厂淬火，这从根本上消除了模具厂淬火失误造成的缺陷，钢厂处理后二次将毛坯运回模具厂进行表面精加工。淬火处理的风险是易造成表面脱碳缺陷，使模块内外线胀系数造成差异。我们时常可以见到加工完成的压铸模具，新模就出现裂纹。凹模出现裂纹的比率高于凸模，表面框型结构残余应力更高。目前真空热处理设备已经比较普及，这是一种避免热处理裂纹的有效措施。

④ 国外模具厂只能机加工模具钢块，不允许改锻，否则钢厂不承担责任。高碳高合金钢改锻除表面脱碳危险之外，始锻和终锻控温不严格也是裂纹萌生的原因。因此模具毛坯标准化是下一个必须推行的措施。在一次冶金工业国际交流会上，国内当时的九大特钢冶金工程师向国外专家询问Cr12MoV钢的始锻和终锻温度，回答是1050°C±10°C，当时国内难以达到如此严格的控制条件。现在国内普及应用红外测温仪，应当可以满足控温要求。总之，压铸模具生产成本高，使用寿命短，表面脱碳和改锻裂纹都是不允许存在的缺陷。

⑤ 国内的冶金工业标准上有漏洞，例如，对于钢中杂质硫和磷含量，国标只有上限但无下限。国内普遍认为杂质含量越低越好，但这已经造成巨大损失。例如，低硫海绵铁和炼钢用稀有金属锆等脱气去杂质，生产出超纯钢材，用在高速铁路轴和火

箭捆绑带上，半年时间都发生了自然渗氢导致断裂的现象。表4-1来自日本大同特殊钢产品样本401页表2和表3。硫、磷杂质含量下限值是理论推导还是试验验证不得而知，但是与国标的差别是显而易见的。日方专家认为，硫、磷含量如果低于下限，那么氢脆就很容易发生。

表4-1 日本大同特殊钢产品规格

	型材横截面积/mm^2		65000以下	65000~130000	130000~260000	260000~520000
碳钢	质量分数	含量上限/%	含量下限/%	含量下限/%	含量下限/%	含量下限/%
	P	0.050	0.0008	0.010	0.010	0.015
	S	0.060	0.0008	0.010	0.010	0.015
合金钢	型材横截面积/mm^2		65000以下	65000~130000	130000~260000	260000~520000
	质量分数	含量上限/%	含量下限/%	含量下限/%	含量下限/%	含量下限/%
	P	0.050	0.0005	0.010	0.010	0.010
	S	0.060	0.0005	0.010	0.010	0.010

4.2 热作模具的失效形式

模具的失效形式反映了材料的不同性能。对于热作模具，则突出显示出模具对材料在高温条件下的性能要求。热作模具的失效形式主要有断裂（包括整体开裂、局部断裂及机械疲劳裂纹等）、堆塌、热疲劳龟裂、热磨损、热熔损等5种。

① 断裂。断裂失效出现的根本原因有两点：a. 模具的承载应力在整体范围或局部位置超过材料的高温断裂强度。b. 模具承受的瞬时冲击载荷超过材料的高温韧性指标。整体开裂是模具致命的失效形式，其物理机制是处于拉应力状态下的脆性裂纹失稳扩展。整体开裂通常是由于偶然的机械过载或热过载而导致模具灾难性断裂，主要原因是模具存在较严重的应力集中，如模具存在较深裂纹或中空设计的尖角等场合，这时要求模具有较高的塑性和韧性。

② 堆塌。堆塌失效的原因：a. 材料的屈服强度低于模具的承载应力水平，塑变累积所致。b. 材料的热稳定性不能适应长时间工作的高温条件。

③ 热疲劳龟裂。热疲劳失效主要由材料的高温屈服强度决定，也与材料的高温冲击韧性和热稳定性有关。即材料越难变形、韧性越高热疲劳抗力越好。热疲劳裂纹又称热龟裂，是热作模具最常见的失效形式之一，热龟裂通常形成于模具型腔表面热应力集中处，裂纹的出现改变了应力分布状态。随着循环次数的增加，裂纹尖端附近出现一些小孔洞并逐渐形成微裂纹，与开始形成的主裂纹合并，然后裂纹继续扩展，最后裂纹间相互连接，形成严重的网络状裂纹，从而导致模具失效。提高模具钢的高温强度和韧性，降低热膨胀系数，提高热导率等，都有利于提高热疲劳性能。延性对模具钢减缓裂纹的萌生和发展也至关重要。

④ 热磨损。对于大多数热作模具钢，提高材料的高温屈服强度、热稳定性及抗氧化能力均可提高热磨损抗力。但是，不同材料的热磨损抗力更多地与材料的组织结构，尤其是材料内部碳化物的类型有关。

⑤ 热熔损。热熔损失效与不同温度和应力下模具材料与铸液的化学亲和力有直接关系。侵蚀和腐蚀是限制有色金属压铸模使用性能和寿命的重要因素，侵蚀包括熔融合金对模具的热熔损和热磨损，这是机械和化学磨损综合作用的结果，熔损将引起模具与压铸件之间的焊合现象。此外，脱模剂对模具也有一定的腐蚀作用。当熔融铝液高速射入型腔时，造成型腔表面的机械磨蚀，同时铝液与模具材料反应生成脆性铁铝化合物，易成为热裂纹新的萌生源。当铝充填到裂纹之中，铝与裂纹壁产生机械作用，这种作用与热应力叠加，可加剧裂纹尖端的拉应力，从而加快裂纹的扩展。提高模具钢的高温强度和化学稳定性有利于提高抗侵蚀能力，表面涂层可以有效提高热作模具抵抗侵蚀和腐蚀能力，塑性变形是模具强度不足时发生的失效行为。在一些高速、重载场合，为避免模具出现致命的整体开裂现象，常采用较低的硬度，以获得较好的塑韧性，此时模具由于强度不足而容易发生变形。

4.3 压铸模具的修复与强化

4.3.1 压铸模具的失效形式

随着近年来压铸生产的迅速发展，为汽车、摩托车的大量零部件提供了一种经济、高效的生产方式。如何提高压铸模的使用寿命，历来是人们所关心的问题。如果压铸模的使用寿命短，不但增加产品的成本，而且严重影响生产，成为生产上亟待解决的关键问题。

压铸时，熔融金属被高速压射入金属模腔，凝固后可直接形成各种形状复杂的零部件。压铸过程包括倾注、高速注入、高压铸造、铸件顶出、模具冷却和润滑五个阶段。熔融铝液注入料桶后，在活塞的压力作用下被注射进模具型腔，型腔充满速度相当快，一般为0.1s甚至更短。注射速度一般为40~60m/s，有时高达200m/s。金属在模腔中凝固时所受的压力一般为40~120MPa，加压的目的是为了减少气体缩孔、补偿体积收缩，并提高零件尺寸精度。凝固完毕后，模具打开，顶杆将铸件顶出，由机械手或人工将其取走。小型简单的铝压铸件的整个工艺时间一般为3~6s，大型铝压铸件则需要60~90s。在被注射进模具型腔、以及之后的高压铸造（保压凝固）过程中，芯棒、顶杆、型腔等压铸模组件反复与熔融铝液接触，将引起多种物理、化学反应，最终导致模具发生失效，失效形式为热疲劳裂纹、整体脆性开裂、熔蚀或冲蚀等。

（1）热疲劳裂纹

热疲劳裂纹是压铸模最常见的失效形式，占压铸模失效的60%~70%。由于压铸过程中压铸模反复经受急冷、急热所造成的热应力，导致在压铸模型腔表面或内部热应力集中处逐渐产生微裂纹，其形貌多数呈现网状（又称龟裂），也有呈放射状。这些在压铸模表面浅层中的微裂纹一般都可以修复，但如果热疲劳裂纹深入基体内部，修模则会导致压铸模尺寸超差，或者由于压铸过程中循环次数的增加，热应力会使热疲劳裂纹继续扩展，最终成为宏观裂纹，从而导致压铸模的失效。热疲劳裂纹是热循环应力、拉伸应力和塑性应变共同作用而产生的。塑性应变促进裂纹的形成，拉伸应力促进裂纹的扩展与延伸。因此，降低温度循环幅度、增加压铸模材料强韧性、形成表面压应力，均可推迟或延缓热疲劳裂纹的形成与扩展。从微观分析，热疲劳裂纹往往在晶界、碳化物、夹杂物区萌生，因此钢质洁净、显微组织均匀的优质热作模具钢具有较高的热疲劳抗力。

（2）整体脆性开裂

整体脆性开裂是由于偶然的机械过载或热过载而导致压铸模灾难性断裂。材料断裂时所达到的应力值一般都远低于材料的理论强度，由于微裂纹的存在，受力后将引起应力集中，使裂纹尖端处的应力比平均应力高得多。压铸模脆性开裂引起的原因很多，诸如压铸操作失常引起的机械过载、热冲击，压铸模设计不合理产生应力集中等。材料的塑性和韧性是与此现象相对应的最主要的力学性能。随着模具钢中夹杂物的减少，韧性将明显提高。在实际生产中，整体脆断的情况较少发生。

（3）熔蚀或冲蚀

熔融的金属液以高压、高速进入型腔，对压铸模型腔表面产生激烈的冲击和冲刷，造成型腔表面的冲蚀，高温使压铸模硬度下降，导致型腔软化，产生变形和早期磨损。在填充过程中，高温金属液中的杂质和熔渣对压铸模成型表面会产生复杂的化学作用，产生化学腐蚀，熔融金属液逸出气泡使型腔发生气蚀。这些机械和化学磨损综合作用的结果都在加速表面的腐蚀和裂纹的产生，提高压铸模材料的高温强度和化学稳定性有利于增强材料的抗侵蚀能力。铝合金压铸模具如图4-1所示，冷室高压压铸工艺如图4-2所示，热室高压压铸工艺如图4-3所示。

图4-1　铝合金压铸模具

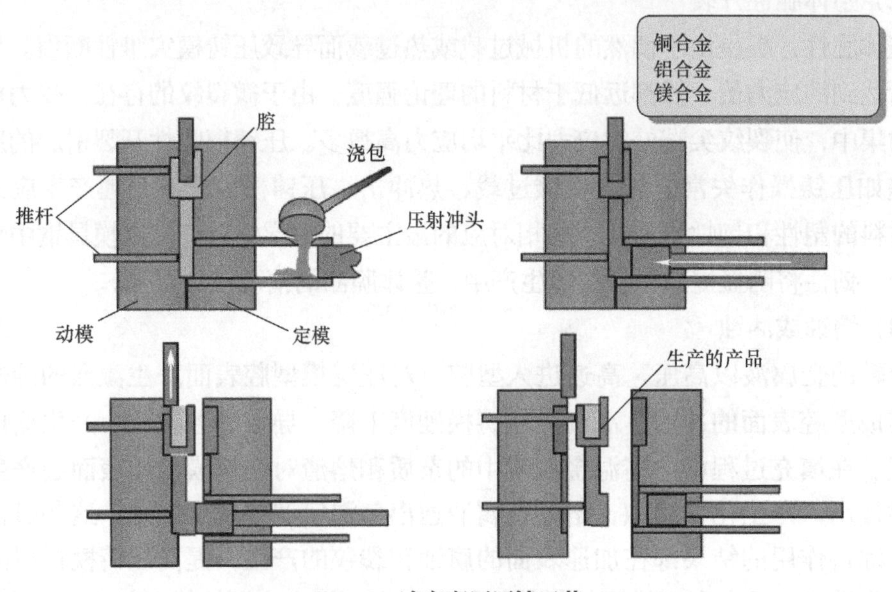

图4-2　冷室高压压铸工艺

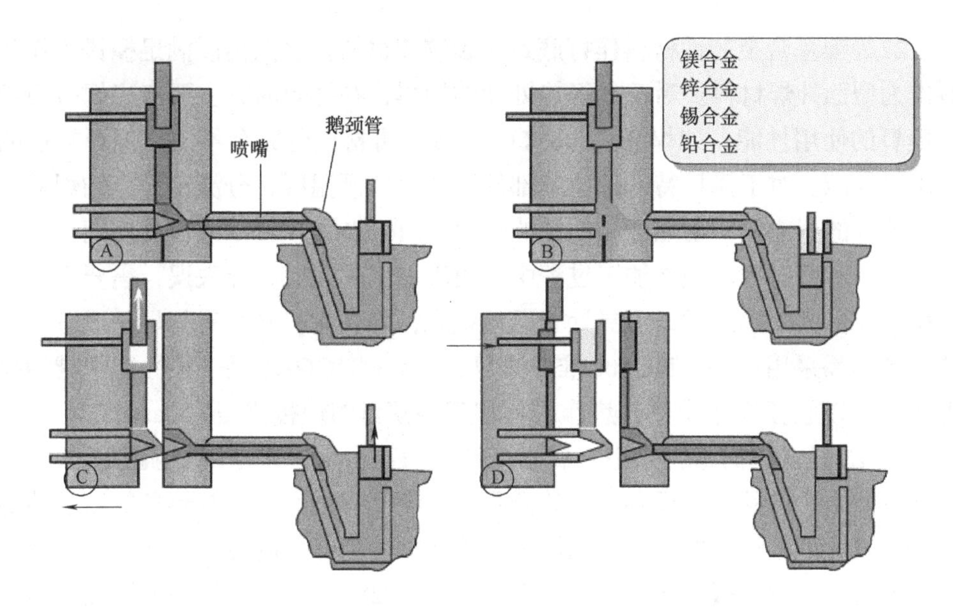

图4-3 热室高压压铸工艺

4.3.2 压铸模具的堆焊修复

（1）压铸模具制造材料

常用于制造锌合金压铸模具的材料包括：合金结构钢，如40Cr、30CrMnSi、40CrMo 等；模具钢，如 5CrNiMo、5CrMnMo、4Cr5MoSiV、4Cr5MoSiV1、3Cr2W8V、CrWMn等；铝合金压铸模具钢，如4Cr5MoSiV1（H13）、4Cr5MoSiV（H11）、3Cr2W8V以及新钢种，如4Cr5Mo2MnSiV1（Y10）、3Cr3Mo3VNd（HM3）等。近年来，我国已研制出马氏体时效钢18350，抗拉强度已达2500MPa。18350是一种含镍、钼、钴、钛的超低碳高合金钢，经820~950℃固溶，得到高韧性的马氏体组织，此时硬度只有HRC30左右，可以进行机加工，然后在500℃左右时效，析出弥散的Ni-Ti、Ni-Mo金属间化合物，可使硬度提高到HRC50以上，从而具有高强度、高韧性及良好的抗热疲劳性能。铜合金压铸模具钢有加钴的钨系高热强模具钢、钨基合金、钼基合金、马氏体时效钢以及加钴的铬钼钒钢等，其使用效果比3Cr2W8V钢要好。近年来，新型的热作模具钢Y4（4Cr3MoMnVNdB）应用于制造铜合金压铸模具取得了令人较满意效果，Y4钢抗热疲劳性能明显优于3Cr2W8V钢。压铸模零部件主要分为与金属液接触的零部件、滑动配合零部件和模架结构零件，具有较高的热疲劳抗力，导热性及良好的耐磨性、耐蚀性和高温力学性能。

（2）焊接材料选择

焊接材料的选择对于铝合金压铸模具的焊补是至关重要的。不同热处理状态的模具焊补需采用不同的材料。常见铝合金压铸模具热处理工艺为淬火+回火、调质+氮化或淬火+回火+氮化。已经热处理（淬火或调质）的模具则使用Casto TIG6800或Casto TIG2222等镍基合金韧性材料作打底封闭裂纹的材料，表面再以满足模具工作条件的材料作为型面补焊材料。对于已经热处理的模具，在补焊时，主要考虑焊接组织能否满足模具的使用性能。如焊补Casto TIG6055与母材成分完全不同，但焊补后的性能超过母材性能。对于模具特殊部位或部件（如模口高温区、分流锥等）的焊补，则采用具有很好的耐磨性、耐热性和韧性的焊丝Casto TIG5HSS以改善其使用性能，提高使用寿命。有些时候，模具加工过程中，出现加工超差或设计失误，需要堆焊恢复尺寸，由于模具尚未热处理，模具处于退火状态，焊补材料必须是与母材成分相同或相近的材料，需采用Casto TIG506堆焊修复。Casto TIG6055是一种性能卓越的模具焊补焊丝，可以胜任冷作模具、热作模具和塑料模具的焊接修复。Casto TIG6055采用18Ni（250）马氏体时效钢制造，属于低碳高镍高合金，广泛用于航空航天工业和工模具制造业中。这种焊丝具有比其他高强度或超高强度耐热钢好得多的力学性能和工艺性能，强度高、塑性好，冲击韧性高，耐腐蚀性能好，高温强韧性好，含碳量极低，焊接性能好，焊后残余应力低，焊后硬度HRC28~32，可进行各种机加工，热处理工艺简便易行，焊后空冷，经480℃×3h时效处理，硬度能达到HRC50以上，屈服强度可达1400MPa，延伸率为15%。由于Casto TIG6055焊丝具有优异的高温强度和韧性，提高了压铸模具热疲劳性能，有效抑制了龟裂裂纹的产生与扩展，非常适合焊接修复铝压铸模具。

（3）工艺选择

常见模具钢的焊接方法是手工电弧焊和氩弧焊（TIG）。手工电弧焊适用于严重破损需大量焊接的模具焊补。手工电弧焊使用电流较大，对母材产生较大热影响，易造成焊接部位的高硬度和高残余应力。与氩弧焊相比，手工电弧焊易出现气孔、咬边、裂纹等缺陷。氩弧焊较适合模具钢的焊补。氩弧焊的热输入较小，对母材的热影响小，且焊补后表面状况良好。

（4）焊接工艺

① 焊前准备。焊接部位的焊前处理是影响焊接质量的重要因素。模具型腔表面的裂纹必须完全清除，尤其是在表面严重龟裂的情况下，应全部去掉表面裂纹，堆焊层厚度应为4~5mm。表面裂纹的检查可借助磁粉或着色探伤。焊接坡口应处理成圆弧形，V形坡口和窄坡口对焊接质量是不利的。焊接部位及周围的氧化物和油渍必须完全清除干净，以避免焊缝出现气孔。

焊接前应清理待焊部位附近的油污，油污严重的，可用氧-乙炔焰加热清除。

② 母材的预热。H13或3Cr2W8V钢是可焊性较差的材料，在焊接修复已经热处理的压铸模时，为防止焊接高温产生开裂，必须在焊接前进行预热处理，预热温度一般应在模具材料马氏体转变温度以上，以避免在焊接部位形成脆硬的未回火马氏体。预热温度按照模具钢的碳当量估算：

碳当量 =（C+Ni/15+Cr/5+Mo/4+V/4+Mn/6）×100%

预热温度 = 碳当量×500℃

H13和3Cr2W8V的预热温度应在300~450℃。模具钢的焊补预热温度不能大于500℃，以免造成模具变形失效。预热方法可以选择履带式加热器加热、火焰加热、工业炉窑加热等方式。其中，火焰加热方便易行，但预热温度和升温精度不好控制，模具温度均匀性难以保证；履带式加热器采用高温陶瓷电热管加热，包覆在模具外表面，升温速度和预热温度控制精确，可以加热比较大的模具；工业炉窑由于控温精确、模具温度均匀，所以应尽量采用工业炉窑加热。

③ 焊接。铝合金压铸模具型腔复杂、损伤多种多样，焊接操作是比较困难的。因此对操作者的技术水平要求很高，必须经专门培训才能胜任该项工作。操作者水平的高低及经验的丰富程度，对焊接质量有着直接的影响。焊接时应遵循低热输入原则，采用低频或高频脉冲电流，对减少热输入、残余应力和热变形是有利的。焊接时应使用多次少量的熔滴，勿使用少次多量的熔滴。多层焊接时，后续电流不要大于第一层电流，以免影响母材。在母材与焊缝交界处，应使用更小电流覆盖，以避免产生收缩凹陷。在多层焊接时，每层对先焊组织及热影响区都具有回火效应。每次收弧时，可采用电流衰减收弧，以避免产生收弧裂纹。

预热、回火温度与层间温度均应控制在500℃以内。焊接时，应快速操作，以免温度下降，可以使用辅助加热装置或多次加热的方式进行。压铸模焊丝选择见表4-2，常用直流TIG焊接参数见表4-3、常用直流脉冲TIG焊接参数见表4-4。

④ 焊后热处理。堆焊修复后的模具要进行去应力退火处理以消除焊接应力，这是由于焊接温度场的不均匀性，堆焊后模具内部存在残余应力，加上热锻模一般尺寸较大，模具各部位温差较大，如果冷却速度过快，表面金属收缩产生内应力，严重时

表4-2 压铸模焊丝选择

E+C TIG焊丝	适用母材	使用特性			
		机械加工难度	寿命	用途	其他
Casto TIG506	H13、DAH、SKD61、DAC	稍难	3	未淬火新制模具补焊或改型	
Casto TIG6055	3Cr2W8、H13 MAS-1、YAG250	良好	1	修复压铸模具	
Casto TIG5HSS		困难	5	浇口、芯子、分流锥等耐热部位修复强化	
Casto TIG6800		良好		热作模具打底及龟裂焊补	
Casto TIG2222		良好		热作模具打底及龟裂焊补	

⊡ 表4-3　常用直流TIG焊接参数

氩气流量/(L/min)	初始电流/A	上升时间/s	焊接电流/A	衰减时间/s	收弧电流/A	用途
6	10	3~5	30	5~10	10	棱角、刃口、窄边堆焊
6	10	3~5	40	5~10	10	棱角、刃口、窄边堆焊
6	10	3~5	50	5~10	10	倒角大的棱角、刃口、窄边堆焊
8	20	3~5	60	5~10	10	平面凸台、内角等部位
8	20	3~5	80	5~10	10	平面凸台、内角等部位
8	20	3~5	100	5~10	10	平面凸台、内角等部位
8~12	20	3~5	120	5~10	10	大厚模具内角、沟槽、裂纹
8~12	20	3~5	150	5~10	10	大厚模具内角、沟槽、裂纹
8~12	20	3~5	180	5~10	10	大厚模具内角、沟槽、裂纹

⊡ 表4-4　常用直流脉冲TIG焊接参数

氩气流量/(L/min)	初始电流/A	上升时间/s	基值电流/A	峰值电流/A	衰减时间/s	收弧电流/A	频率/Hz	脉冲宽度/%	用途
8	20	3	40	80	5~10	10	1~2	50　70	平面、圈边
8	20	3	10	80	5~10	10	1~2	50　30	铸铁、锌合金或立焊位置

续表

氩气流量/(L/min)	初始电流/A	上升时间/s	基值电流/A	峰值电流/A	衰减时间/s	收弧电流/A	频率/Hz	脉冲宽度/%	用途
8	20	3	10	100	5~10	10	1~2	50　30	铸铁、锌合金或立焊位置
6~8	10	3	10	40	5~10	10	1~2	50　30	外锐角、刃口、窄边等
6~8	10	3	10	50	5~10	10	1~2	50　30	外锐角、刃口、窄边等
6~8	20	3	10	60	5~10	10	1~2	50　30	铸铁、锌合金或立焊位置
8~12	20	3	40	100	5~10	10	1~2	50　70	平面、内角等
8~12	20	3	40	120	5~10	10	1~2	50　70	平面或沟槽
8~12	20	3	40	180	5~10	10	1~2	50　70	平面或沟槽

可使模具型腔开裂。此外，采用适当的热处理还会改善堆焊合金层的组织与性能。如果退火加热温度过高，虽然消除应力效果好，但使堆焊层硬度下降太多，降低模具的耐磨性能；若温度过低，则会造成应力消除不彻底，因此要两者兼顾。一般退火温度大于480℃才能将堆焊层应力基本消除。对已经热处理的模具，焊接后，需经回火到所需硬度，回火温度应比原回火温度低5~10℃，以期达到适当的韧性和避免降低母材硬度。如采用Casto TIG6055焊丝焊接，则可在机械加工后，再经人工时效回火达到时效硬度。对未经热处理的模具，焊接后，先退火，再依条件进行热处理。

⑤ 焊接对母材硬度的影响。焊接会对模具母材的硬度分布产生影响，未经热处理（退火状态）的材料，经过正确的热处理后，其焊接部位的硬度分布比已经热处理材料（淬火）均匀。采用Casto TIG6055焊丝焊接并经人工时效回火后，硬度可高于调质态的母材硬度，堆焊层性能要优于母材性能。焊接对母材硬度的影响因材料化学成分、焊接时热量与预热温度的不同而不同。焊接时，由于焊接热循环会对母材组织产生一定的影响。其影响程度因材料成分、热处理状态、焊接时的热输入量和预热温度的不同而变化。

一般来说，焊接热影响区越窄越好。正确焊接后的铝合金压铸模具焊接区域性能完全可以满足模具使用要求。

(5) 实例与效果

采用先进的焊接设备和材料、正确的焊接工艺，可以很好地修补铝合金压铸模具。焊接过的模具性能并不比原模具差，甚至可好于原模具。北京模具厂、北京内燃机总厂、天津通讯广播器材厂、唐山唐凯压铸厂等近百家企业的数千套模具经焊接修复后，均延长和提高了模具的使用寿命，为企业挽回了数千万元的损失，铝合金压铸模具的焊接修复应进一步得到推广使用。

(6) 热疲劳

淬火态压铸模具热疲劳裂纹一般出现在浇口附近高温区，调质态压铸模具的热疲劳往往造成模腔大面积龟裂。其中，网状龟裂裂纹深度在5.00mm以内的修复工艺为机加工去除龟裂区域→TIG6055焊丝堆焊→机加工成型→抛光→电火花沉积金属陶瓷→抛光

网状龟裂裂纹深度在5.00mm以上的修复工艺为:

机加工去除5.00mm厚的龟裂层→剩余裂纹开U形坡口→TIG2222或TIG6800打底封闭裂纹→TIG6055焊丝堆焊→机加工成型→抛光→电火花沉积金属陶瓷→抛光

(7) 脆性开裂

断裂模具在焊补修复时，必须注意焊道和二次收缩以及模具的变形。焊接时将模具用台钳固定，焊接中，不停用气锤打击焊道，及时消除焊接应力；采用跳焊法，焊道长度在10~20mm，保证模具不易升温。对于大面积开裂的模具，焊前必须开X形坡口，中间保留5~10mm，焊接工艺为TIG6800或TIG2222焊丝焊接5~10mm点住→TIG6800或TIG2222焊丝以10~20mm长焊道焊第一层→翻面，TIG6800或TIG2222焊丝以10~20mm长焊道焊一层→TIG6055焊丝堆焊在两面第二层→TIG6800或TIG2222和TIG6055焊丝交替堆焊，最上面3~5mm用TIG6055焊丝堆焊盖面。铝合金压铸模具热疲劳裂纹修复后实物如图4-4所示，发动机铝压铸模具修复后实物如图4-5所示。

4.3.3 电火花沉积技术在压铸模具表面强化中的应用

(1) 熔蚀和冲蚀

压铸模组件反复与熔融铝液接触，将引起多种物理、化学反应，模具将发生热熔蚀现象，并导致焊合的产生。压铸过程中的熔蚀、焊合作用不仅造成了模具的表面损伤，也降低了压铸件的质量。根据形成机理的不同，压铸过程中的焊合可分成两大类: 第一种焊合，模具与铝合金的表面原子间形成了金属键。这种焊合主要由原子间的化学相互作用形成，即熔蚀引起的焊合，称为物理化学焊合。压铸过程中，铸件与模具形成了相互作用的结合界面，结合界面强度的大小主要取决于模具与铝铸件真实接触面积的大小。当结合界面的强度大于铝铸件表层组织的强度时，将形成物理化学焊合，表现为起模时铸件与模具分离于铸件一侧。第二种焊合，铝液在高压作用下注

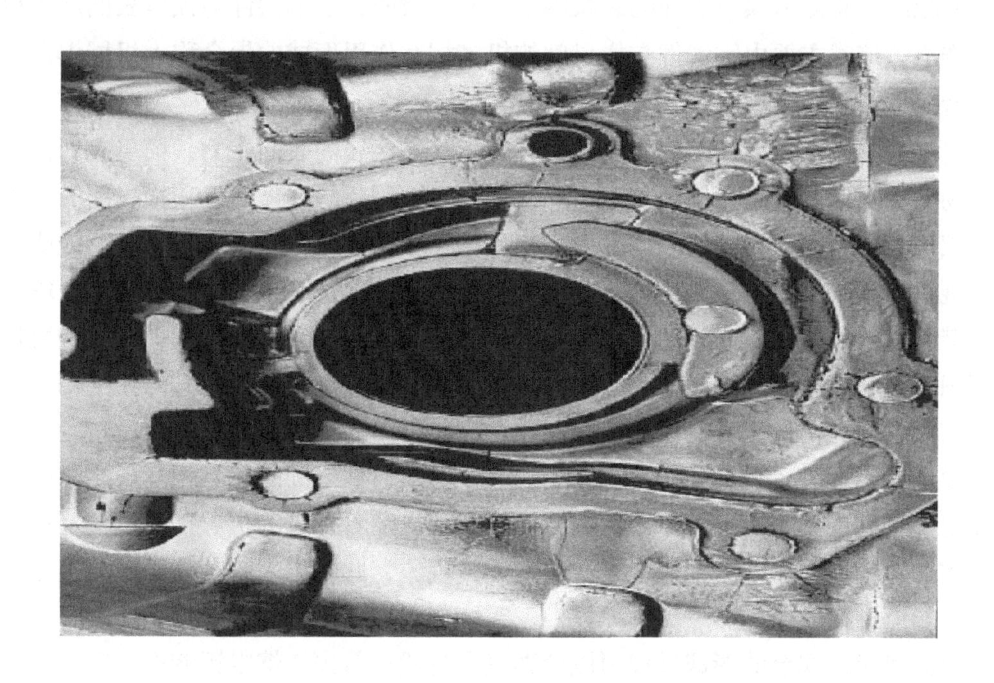

图4-4　铝合金压铸模具热疲劳裂纹修复

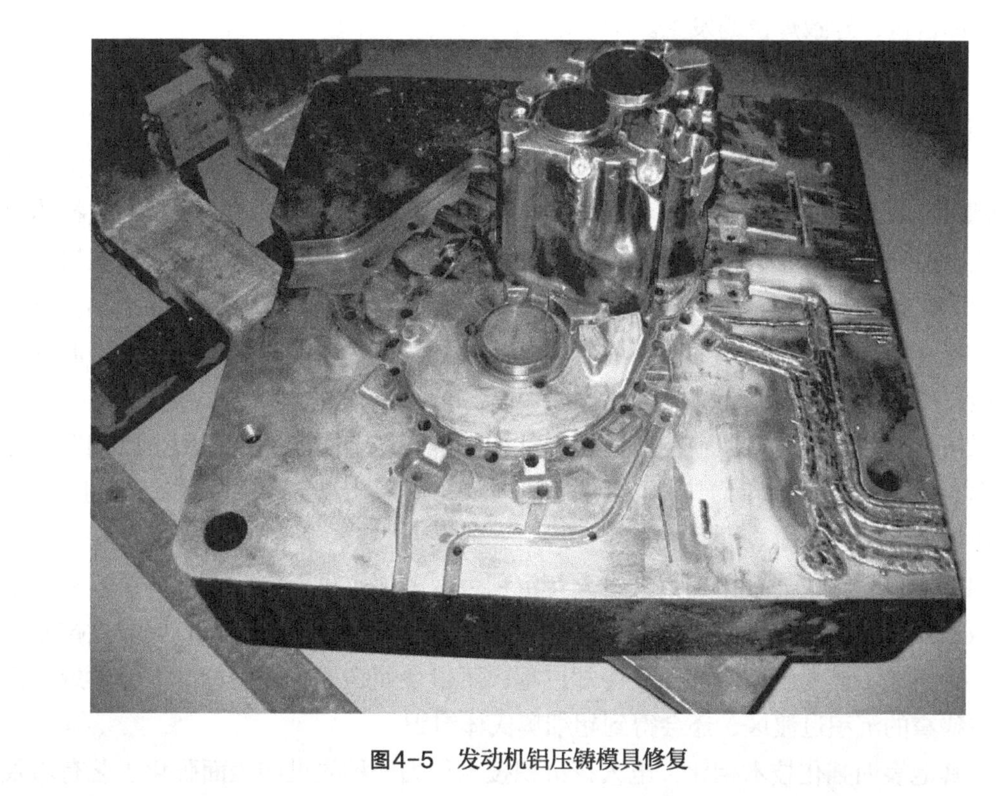

图4-5　发动机铝压铸模具修复

射入型腔时，将渗入模具表面的裂纹内，并发生凝固，使铝铸件与模具表面产生机械咬合作用。这类主要由铝铸件与模具间的机械相互作用形成的焊合称为机械焊合，这种焊合在压铸中也很普遍。

对于刚投入压铸生产的新模具来说，由于液态金属的表面张力，模具表面覆盖的氧化物和涂料以及液态金属的凝固收缩作用，使凝固后的固体铸件和模具间的直接接触面积很小，因而，铸件与模具间发生化学相互作用的原子数很少，不能形成明显的焊合现象，但在合金与模具直接接触处，发生Al和Fe原子的相互扩散。随着压铸循环的继续进行，模具表面的凹陷和凹坑的数量及尺寸增加，金属与模具之间的直接接触面积大大增加，模具表面的铝浓度也进一步增加，铸件与模具之间的化学相互作用大大增加，此时铸件与模具可形成明显的物理化学焊合现象。当模具服役一定时间之后，模具表面形成了大尺寸的裂纹和龟裂，模具与铸件之间的化学相互作用与机械相互作用都得到进一步增强，使得焊合更易于发生。随着裂纹的扩展，机械相互作用进一步增加，模具与铸件之间产生了严重的焊合现象，此时出来的铸件已完全报废，模具也不能再继续使用。

由此可见，焊合的形成过程可以分为三个阶段：首先，熔融铝液充型时，对模具表面造成冲刷，使模具表面的涂料等被冲掉，裸露出模具基体；接着，铝合金液与模具基体之间发生复杂的物理化学作用；最后，铝合金液冷却凝固，并在模具与铸件之间形成焊合区，导致焊合的发生。

（2）解决办法

减缓模具和压铸件之间焊合过程的发生，是提高压铸模寿命、压铸件质量的有效途径。模具表面润滑、氧化是改善并减缓焊合的有效手段。各种表面处理和涂覆技术（如渗氮、软氮化、渗硼、PVD、CVD、PACVD等），通过在压铸模表面生成新的化合物层，避免了熔融铝液和模具的直接接触，从而不同程度地降低了铝液对模具的熔损作用，化合物越稳定，其抗熔损作用越显著，发生物理化学焊合的倾向越小。陶瓷涂层是提高热作模具熔损抗力的有效手段，此外，陶瓷涂层同时提高了模具表面的耐磨性能，压铸模服役性能和寿命因此得到提高。

采用电火花沉积技术，在铝压铸模具粘铝部位沉积金属陶瓷，利用金属陶瓷良好的高温硬度和与铝不亲和的特性，保护压铸模表面不受熔融铝液的浸蚀，防止粘铝，延长压铸模的使用寿命。

同上述表面处理的效果相似，电火花沉积表面改性也可以显著提高压铸模的抗铝热熔蚀和冲蚀性能，与渗氮、渗硼等表面处理工艺相比，电火花沉积表面改性技术的优点：由于该工艺是瞬间的高温—冷却过程，不仅金属表面会因迅速淬火而形成马氏体，在狭窄的沉积过渡区，还会得到超细奥氏体组织。

与其他表面强化技术相比，电火花沉积技术作为一种先进的表面强化工艺有着独特的优点：可以直接在空气中进行沉积，工艺对环境友好，设备简单灵活；冷却速度快，热量不会长时间集中在放电位置，热可以快速传导到基体其他部位；沉积涂层是在高温高压条件下形成的混合冶金涂层，结合强度很高，很难从基体上剥落；放电通道中高温高压，能熔化基体表面的氧化膜和排除表面上的气体杂质；涂层的粗糙度较小，对很多工件修复后即可使用；涂层的残余应力小，沉积过程不会引起工件的大变形，可以实现对工件的多次强化；可以实现不同性能的涂层设计，沉积材料可选择范围广，容易实现异种材料之间的沉积。因此从某种程度上讲，电火花沉积表面改性是适合压铸模型腔的表面改性工艺。

（3）电火花沉积技术简介

电火花沉积时选用沉积材料作为工具电极，接脉冲电源阳极，被沉积的工件接上脉冲电源阴极。一般选用惰性气体作为保护气，当打开电子开关后，电容被充上电，脉冲电压加在电源两极上，当两个电极接近到一定距离，产生一个局部电场，由于工具电极和工件表面微观不平，所以分布的电场也不均匀，当电极进给时，电极之间突破某一个最小间隙便使得气体介质被电离击穿，产生放电通道，该部分区域产生瞬时脉冲电火花放电。由于周围气体的压缩效应和电磁力使得放电通道收缩，放电通道瞬时扩展受到限制，放电能量集中，在很小的范围内产生很高瞬时电流密度，对基体的热输入小，基体保持在室温，热变形小。放电时间为10^{-6}~10^{-5}s，放电间隔时间为10^{-3}~10^{-1}s，放电区域的降温速度极高，在基体中不产生热影响区，沉积过程不会改变和影响基体材料的特性，工件处于常温或温升较低状态，因此对基体材料的热影响小，实现了真正意义上的冷焊。

电火花沉积工艺是将电源存储的高能量电能，在金属陶瓷电极与金属母材间瞬间高频释放，通过电极材料与母材间的空气电离，形成通道，使母材表面产生瞬间高温、高压微区；同时离子态的电极材料在微电场的作用下融渗到母材基体，形成冶金结合。

（4）电极材料选择

针对铝合金压铸模具材料失效的主要原因——铝液热熔蚀问题，利用金属陶瓷材料与高温铝液不浸润的特点，采用电火花沉积工艺，在铝合金压铸模具表面沉积金属陶瓷，陶瓷材料包括金属陶瓷（或称非氧化物陶瓷）和氧化物陶瓷，可作为沉积电极的材料包括WC、TiC、TiB_2、ZrB_2、Mo_2B_5、TiN、Cr3C2+Ni等金属陶瓷和Mo、Co、Ni、CoCrW、NiMoCr等金属材料，沉积涂层具有耐磨、耐热、耐蚀、防粘及防氧化等功能。常用的沉积电极性能见表4-5。

由表4-5可以看出，TiC、TiB_2、ZrB_2与铝都不亲和，WC有一定程度亲和，一般选用TiC和TiB_2作为防止铝压铸模具热熔损的电火花沉积电极，常用的WC和TiC陶瓷材料，混合后烧结的电极也能作为防止铝压铸模具热熔损的电火花沉积电极，使用效果很好。

⊡ 表4-5 沉积电极性能

电极材料	熔点/℃	显微硬度(HV)	与熔融金属的亲和性能		
			Al	Zn	Cu
WC	2867	2000	△	○	△
TiC	3140	3200	○	○	○
TiB_2	2600	3480	○	○	○
ZrB_2	3000	2200	○	○	○
Mo_2B_5	2100	3220	△	○	△
TiN	2950	2450	X	○	○

注：○—无反应（不亲和）；△—有一定反应（一定程度亲和）；X—反应（亲和）。

（5）实例及效果

针对铝压铸模出现的热疲劳和热熔损问题，使用电火花沉积技术，在模具表面沉积TiC涂层和TiB_2涂层，强化铝压铸模表面，在北京内燃机厂进行试验，取得了良好的效果。使用的典型范例如下。

① 修复旧模具。齿轮盖模具使用一段时间（约1万件）后，热疲劳造成表面硬度下降，型腔内出现拉伤，不能继续使用。在拉伤表面沉积TiC涂层，使用约2万件，未出现拉伤及粘模现象，有效延长旧模具的使用寿命一倍以上。

② 强化新模具。张紧轮护罩模具以前采用氮化处理，压铸几千件后，动模模芯局部粘铝，脱模困难，产品成品率降低。采用多种措施，如加大圆角、调整工作压力、调整开模时间等，都不能解决问题，采用电火花沉积技术，在表面沉积TiC涂层，解决了粘铝问题。

③ 代替氮化处理。正时齿轮盖模具以前采用氮化处理表面，工作中模芯顶杆出现裂纹和剥落。制造模芯顶杆时，采用电火花沉积技术，沉积TiB_2涂层，代替氮化工艺，使用5万件后，模具表面完好如新。

现场使用证明，电火花沉积技术作为新旧铝压铸模具的表面强化工艺，能够提高铝压铸模具使用寿命一倍以上，如图4-6~图4-10所示。

图4-6　电火花沉积和堆焊宏观和显微视图

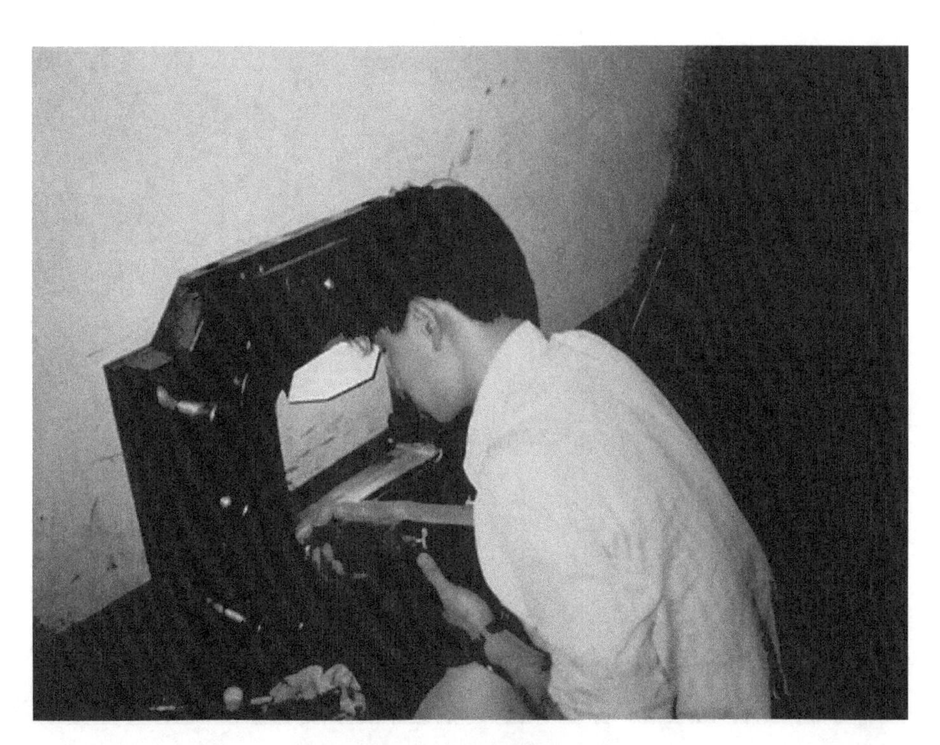

图4-7　电火花沉积模具强化

图4-8　电火花沉积强化铝合金压铸模具

图4-9　发电机主轴修复

图4-10　造纸烘缸修复

4.4　热锻、热挤压模具的焊接修复与堆焊强化

4.4.1　热锻、热挤压模具的失效形式

热作模具服役过程中反复地与高温状态的被加工材料接触，在周期性的交变应力作用下，模具材料尤其是表层的组织性能逐步发生转变，最终导致失效。影响热作模具寿命的主要因素有：热疲劳（热龟裂）、整体开裂、侵蚀和腐蚀、塑性变形等。一般热作模具以断裂失效时模具寿命较低，被视为模具的早期失效形式。这种失效形式在技术上被视为不能允许的非正常失效形式，这主要是模具钢种选择不当或热处理工艺不合理造成的。具有较长模具寿命的磨损失效、变形失效及热疲劳失效一般可视为模具的正常失效。随着模具技术的不断发展，各类热作模具的失效形式不断由非正常失效形式向正常失效形式转化。而模具堆焊技术人员的任务就是在研究各类模具的失效规律的基础上研究性能优良的堆焊材料，匹配相应的堆焊工艺，在减小模具的早期失效并提高使用寿命的情况下，尽量提高模具堆焊效率。

4.4.2 热锻、热挤压模具的堆焊修复

（1）堆焊修复的优点

近年来，随着我国汽车行业快速发展，汽车产量逐年增加，热作模具的需求量不断增大，热作模具钢的消耗量也逐年上升，为了进一步提高热作模具的有效利用率，除选用先进的锻造工艺、合理的模具结构设计及冷热加工工艺以外，还应当采用既经济又实用的热作模具堆焊修复技术。

模具堆焊修复是将填充金属焊接在模具型腔损坏处的表面上，赋予已失效的模具新的使用性能的一种再制造工艺方法。即在模具型腔的任意损坏部位焊敷一层特殊的合金层，成为模具基体的一部分后再重新加工制造型腔。采用这种方法，可以降低成本，使模具起死回生，被修复的模具可以较原始模具进一步提高模具型腔工作面的耐磨损、耐腐蚀和耐热等性能，使综合性能和使用寿命大大提高。用于这种用途的焊材就是堆焊焊材。模具堆焊要根据模具的使用要求和模具钢的品种选用不同合金和不同硬度等级的焊材。用堆焊修复热作模具有很多好处，首先是节省模具成本，缩短产品开发时间。以往对失效热作模具进行修复是将模具有缺陷的型腔加工掉（有时要退火处理），重新制作型腔，重新热处理。

堆焊修复技术操作简单，只需清理型腔，将热作模具缺陷处完全加工掉，然后堆焊，待将堆焊材料按要求充填好有关部位后，再重新加工型腔即可，不需要如同传统修复模具那样，将模具型腔只有局部缺陷的那一层连同没有缺陷的部位完全加工掉。堆焊热作模具再制造技术不需要再耗费模具钢，再制造后的热作模具再次损坏后可以继续堆焊修复重新投入使用，一块模具可以反复几十次修复，采用堆焊修复后的热作模具，型腔表面硬度比原模具还要高，达到“表硬里韧”的效果，型腔不易压塌，不少情况下，修复后的模具寿命甚至高于没有堆焊修复过初始使用时的寿命，一般模具寿命都能提高50%~200%。模具寿命高，换模次数减少。另外，模具堆焊修复可以配合将整条生产线的寿命调整到同步状态，生产效率得到极大提高。这样也大大减小了模具钢的消耗，使模具费用急剧下降，一般会节省20%~60%的模具费用。

堆焊工艺的主要特点如下。

① 在模具制造方面，简化了设计结构，节省了模具钢用量，提高了劳动生产率。

② 在维修方面，由于采取对模具磨损处实施局部堆焊，在作业现场即可完成修复。修复后的模具因为采用了较高合金含量的焊材，其强度、硬度、韧性等都有显著提高。

③ 可提高耐磨性与耐蚀性，从而延长零件寿命，节省制造及维修费用和周期，降低生产成本。

④ 便于在一个韧性好的母材上制取一个很硬的金属表层，从而取得最佳的性能组合。

⑤ 可以经济地利用贵重合金元素，从而降低制造成本，也可以为企业节省维修和更换零件费用。

⑥ 提高设备的工作效率并降低动力消耗。

（2）工艺选择

模具堆焊是一种异质材料的熔化焊，采用堆焊时要考虑焊层的合金问题，如有低的稀释率、高的熔敷速度，同时还要考虑焊接熔合区、过滤层及热循环等。目前使用较多的堆焊方法主要有手工电弧堆焊法、氧-乙炔火焰堆焊法、埋弧堆焊法、气体保护和自保护明弧堆焊法、电渣堆焊法，另外还有新兴的等离子弧堆焊法、电子束堆焊法、激光堆焊法和聚焦光束表面堆焊法等。上述焊接方法都可以用来堆焊修复模具，各种堆焊方法各有其优缺点。实际生产中，手工电弧焊、熔化极气体保护焊和钨极氩弧焊是最常用的模具堆焊方法。钨极氩弧焊可用于补焊小的表面缺陷或焊接薄截面类模具。熔化极气体保护电弧焊可用于大面积堆焊，如汽车前轴热作模具和大型曲轴热作模具等。手工电弧焊设备简单、操作方便、效率一般，中小模具堆焊都可使用。

（3）材料选择

正确选择模具堆焊金属材料是一项复杂的工作。材料的选择应该充分满足模具的工作条件和经济性，同时还要考虑工件的材质、批量、合金的焊接性和拟采用的堆焊方法。模具的不同部位在工作时，受到的压力、温度也有所不同，所以出现的失效形式也不同；在不同的失效部位堆焊上具有特殊性能的材料，从而提高模具的使用寿命。譬如，模具的模底部分，由于交变应力集中的作用，导致裂纹产生，那么就选择焊后塑性较好的材料进行堆焊；模具的桥部，由于高速流动的炽热金属的作用，使得桥部的磨损十分严重，那就选择焊后硬度较高、耐磨性较好的材料进行堆焊，这样就可以大大提高模具的使用寿命。常用的热锻模具堆焊材料见表4-6。

⊡ **表4-6　常用的热锻模具堆焊材料**

<table>
<tr><th colspan="2">分类</th><th>牌号</th><th>焊材特点和适用范围</th></tr>
<tr><td rowspan="3">铁基合金</td><td>中碳低合金钢堆焊合金</td><td>D146,D167</td><td rowspan="2">堆焊金属组织是马氏体和残余奥氏体，有时含有少量珠光体，硬度为HB350~550。裂纹倾向比低碳低合金钢堆焊合金大，一般应预热250~350℃。堆焊金属冲击韧性差，堆焊时易产生热裂纹或冷裂纹，一般应预热350~400℃。若堆焊后需切削加工，应先退火使硬度降低到20~25HRC，加工后再淬火，获得硬度HRC50~60</td></tr>
<tr><td>高碳低合金钢堆焊合金</td><td>D227,D237</td></tr>
<tr><td>Cr-W、Cr-Mo热稳定钢堆焊合金</td><td>D337,455,725,735,750</td><td>堆焊金属具有红硬性、高温耐磨性、高抗热疲劳性和较高的冲击韧性，容易产生堆焊裂纹，堆焊时一般预热400℃左右，堆焊后缓冷</td></tr>
</table>

续表

分类		牌号	焊材特点和适用范围
铁基合金	高铬马氏体钢堆焊合金 高速钢堆焊合金	Cr12V D307,317	堆焊金属脆性较大，堆焊时易产生裂纹，一般需预热300~400℃。含碳量大于1%的高铬钢堆焊金属组织为莱氏体+残余奥氏体。由于存在含铬的合金莱氏体，耐磨性更高，但脆性也更大，易产生裂纹。一般需预热400~550℃。堆焊金属属于莱氏体，组织类似铸造高速钢。由网状莱氏体和奥氏体的转变产物组成。堆焊金属易产生裂纹，一般堆焊前应预热500℃左右。有很高的红硬性和耐磨性，主要用于堆焊各种切削刀具、刃具等
钴基合金		D802,812	堆焊金属具有良好的耐各类磨损的性能，特别是在高温耐磨条件下。在各类堆焊合金中，钴基合金的综合性能最好，有很高的红硬性。抗腐蚀、抗冲击、抗热疲劳、抗氧化性能都很好。这类合金易形成冷裂纹或结晶裂纹，在电弧焊和气焊时应预热200~500℃，对含碳量较多的合金选择较高的预热温度。等离子弧堆焊钴基合金时，一般不预热
镍基合金	Ni-Cr-B-Si合金	Ni65	堆焊金属硬度高(HRC50~60)，在600~700℃高温下仍能保持较高的硬度；在950℃以下具有良好的抗氧化性和耐腐蚀性。合金熔点低(约1000℃)，流动性好。堆焊时易获得稀释率低、成型美观的堆焊层。耐高温性能比钴基合金差，但在500~600℃以下工作时，它的红硬性优于钴基合金。这种合金比较脆，一般制成焊条、管状焊丝或药芯焊丝。合金堆焊层抗裂性差，堆焊前应高温预热，焊后缓冷
	Ni-Cr-Mo-W合金	Hastelloy C276,C22	堆焊金属一般为哈氏C型堆焊合金，堆焊组织主要是奥氏体+金属间化合物。加入Mo、W、Fe元素后，合金的热强性和耐腐蚀性能明显提高。这种合金有很好的抗热疲劳性能，裂纹倾向较小，但硬度不高，抗磨料磨损性能不好，主要用于耐强腐蚀、耐高温的金属间摩擦磨损零件的堆焊

(4) 焊接工艺

① 焊前准备。在堆焊工艺过程中，最大的难点是堆焊层开裂和剥离。防止此类现象发生的唯一方法是将工件焊前预热，焊后保温缓冷，以防止温度骤变而产生的应力集中，进而造成焊层开裂。堆焊前将待堆焊的模具进行相应的处理，以获得良好的

堆焊效果。

a. 清理待焊部位后，将待焊部位修磨（型腔整体扩大15~20mm，局部的圆角还要大些）。

b. 清理待焊部位附近的油污，若油污严重，可用氧-乙炔加热清除。

② 母材的预热。热作模具钢的碳当量较高，焊接性差，容易产生冷裂纹，故堆焊时必须对模具整体预热。要注意预热均匀，这一点对于大型模具特别重要。预热一方面可以避免焊接时堆焊金属与母材之间产生脆性区和减小冷却收缩造成的内应力；另一方面，适当的预热温度也可以防止焊接过程中堆焊金属发生马氏体转变引发局部开裂，堆焊结束后整体处理成马氏体组织，使堆焊金属硬度均匀。

③ 焊接操作要点。

a. 焊条摆幅不可太宽。

b. 不要在应力集中处收弧，收弧时弧坑必须填满以防裂纹。

c. 再引弧时要压弧坑20~30mm。

d. 堆焊刃口要适度，以保证焊后修磨。

（5）焊后热处理

经过焊补的模具，有一定的脆性和内应力。为减少模具变形和锻造开裂现象，必须进行严格的焊后热处理。回火温度设置为535℃，保温时间按模具厚度25.4mm/h来计算，此温度和保温时间对母材硬度的影响不大，对模具高于HRC45~50的部分，硬度会有所降低，但当硬度降到HRC45~50以后就不会再下降了。一般模具随炉升温至480℃保温，保温后模具随炉冷却至100℃左右出炉，或把模具从炉中取出后用石棉布包裹缓冷。

（6）热锻模具焊接修复实例

① 国内使用5CrMnMo或5CrNiMo低合金热作钢，原始设计就加厚模具厚度。模具失效后，在旧毛坯上重新加工模型，模块向下落一个尺寸。一般设计至少可重新加工三四次。低合金的原材料使毛坯成本下降。

② 5CrMnMo、5CrNiMo红硬性差，热态损失快。国内采用先加大毛坯件尺寸，然后通过廉价的机械加工中的切削加工，解决毛坯锻件精度问题。

③ 国内锻模无需像国外那样补焊修复，每次重新下落即可。

④ 国外精锻件比例高，可节省昂贵的机械加工时间，因此对锻模精度和寿命有更高要求。

⑤ 国外精锻模除使用高合金热作钢之外，采用钴基合金堆焊强化边角易损区域。大幅度提高精锻寿命，毛坯尺寸精度得到保证。

⑥ 钴基合金的优点：

a. 最高的红硬性，适合热剪切、热挤压工况，允许使用温度850°C。

b. 刃口因碳化物相强化，极其锋利，适合冲剪钢板或其他硬质材料。

c. 钴基合金是目前所有金属材料中唯一抗黏着磨损的金属材料。钴基合金和钴基合金可设计成一对摩擦副，常见的高温阀门阀芯、阀座分别采用司太立6#和司太立21#就是一个成功的应用实例。

d.钴基合金堆焊强化热锻模具工艺成熟度高，容易实施。相信随国内精锻模使用比例的提高可以逐步得到推广应用。热锻模具裂纹修复实物如图4-11所示，铁轨热锻模具堆焊强化实物如图4-12所示。

图4-11 热锻模具裂纹修复

图4-12 铁轨热锻模具堆焊强化

塑料模具的修复和强化技术

5.1 塑料模具钢

5.1.1 塑料模具简介

塑料模具是塑料制品成型的重要工具，在使用过程中，常处于高温、冲击载荷和腐蚀工作状态，其表面性能、硬度和强度将随使用时间的延长而不断降低，甚至致使塑料制品质量达不到使用要求或模具失效。

随着科学技术的发展，塑料制品在加速社会生产力发展中的作用日益显现，塑料制品的用途不断扩大，目前广泛应用于办公设备、通信、汽车、仪器仪表、建材等行业。据统计，塑料的产量按体积计算已经超过了钢铁。我国仅汽车行业每年将需要各种塑料制品36万吨；在日用品以及家用电器行业中，零部件也趋于塑料化，全塑产品所占比例越来越大。我国电冰箱、洗衣机和空调的年产量均超过1000万台，彩电的年产量已超过3000万台这些家电塑料制品的用量可想而知；在建筑与建材行业方面，塑料门窗和塑料管的普及也日益广泛，塑料制品用量越来越大。

5.1.2 分类和工作条件

按塑料产品原材料性能，塑料模具分为热塑性塑料模具和热固性塑料模具两大类。工作过程中，热塑性塑料注射模承受的工作压力为20~45MPa，工作温度在180℃以下；热固性塑料模具型腔承受的压力一般为160~200MPa，工作温度为200~250℃，在生产塑料制品时，虽然模具受力不大，处于低应力状态，但模具每生产一个产品，就受一次循环应力，致使塑料模具处于交变循环应力状态。因此，塑料模具的服役条件为高温、受压、交变应力。

塑料模具按工作类型可分为热塑性塑料成型的注塑模具和热固性塑料成型的压塑模具。这两种塑料模具的工作条件如表5-1所示。

表5-1 塑料模具的工作条件

分类	工作条件	特点
热固性塑料模具	受热、受力大，易磨损，手工操作模还受到脱模的周期性冲击和碰撞	压制各种胶木粉，一般含大量固体填充剂，多以粉末直接加入压模，热压成型，热机械负载及磨损较重

续表

分类	工作条件	特点
热塑性塑料模具	受热、受压、易磨损，但不严重。部分品种含有氯、氟，压制时逸出腐蚀性气体，对型腔有较大侵蚀作用	塑料通常不含固体填料，易软化状态注入型腔。当含有玻璃纤维填料时，对型腔磨损加剧

5.1.3 性能要求

热塑性塑料成型的注射模工作时，因受热、受压、易磨损，注射时可能还有含氯、氟及其化合物的腐蚀气体逸出，其模具型腔也受到了一定的腐蚀；热固性塑料成型的压塑模由于直接压制粉料，要承受很大的机械负荷，易磨损，其模具型腔也会受腐蚀性气体影响。但塑料模具型腔本身结构复杂，尺寸精度和表面粗糙度要求高，上述腐蚀作用势必会降低型腔的使用性能，因此对塑料模具钢的机械加工性能、镜面抛光研磨性能、热处理变形和尺寸稳定性等方面都提出了以下要求。

① 保证足够的耐磨性。由于表面磨损是模具的主要失效形式之一，因此模具应当具有足够的硬度，以保证模具的耐磨性，延长模具的使用寿命。选择合适的材料和热处理方法可以满足硬度的要求，但当硬度达到一定值时，它对耐磨性的提高作用就不明显了。

② 减少热处理变形的影响。由于注塑零件形状比较复杂，塑料模具在淬硬后很难甚至无法加工。所以，要采取适当的措施来降低热处理变形的影响。对于必须在热处理后加工的模具，应选用热处理变形小的材料。

③ 具有优良的切削加工性能。塑料模具的制造成本中，切削加工成本占大部分(一般为75%)。为了延长切削刀具的使用寿命，保证加工表面质量，要求模具材料具有良好的切削加工性。对于预硬性材料，淬火后也要有好的加工性。

④ 具有良好的抛光性能和刻蚀性。为获得高品质的塑料制品，模具型腔的表面必须进行抛光，以减小表面粗糙度值。为了保证模具具有良好的电加工性和镜面抛光性、花纹图案刻蚀性，模具用钢应当是材料的纯度高，组织细、均匀、致密，无纤维方向性的钢种。

⑤ 具有良好的导热性和低的热膨胀系数。要求模具在150~250℃的温度条件下，长期工作不变形。

⑥ 具有良好的耐腐蚀性能。注塑PVC或加有阻燃剂等添加剂的塑料制品时，会分解出具有腐蚀性的气体，这些气体对模具的表面有一定的化学腐蚀作用，因此，在制作这类模具时，应选用具有一定抗腐蚀能力的材料。

5.1.4 镜面度的概念

塑料模具钢对力学性能（包括强度、硬度、韧性、热稳定性）的要求并不苛刻，但必须保证塑料模具钢具有优良的工艺性能，包括耐腐蚀性能、热处理变形度、加工

性能、尺寸稳定性、图案花纹蚀刻性能、研磨和抛光性能、表面粗糙度等。其中，表

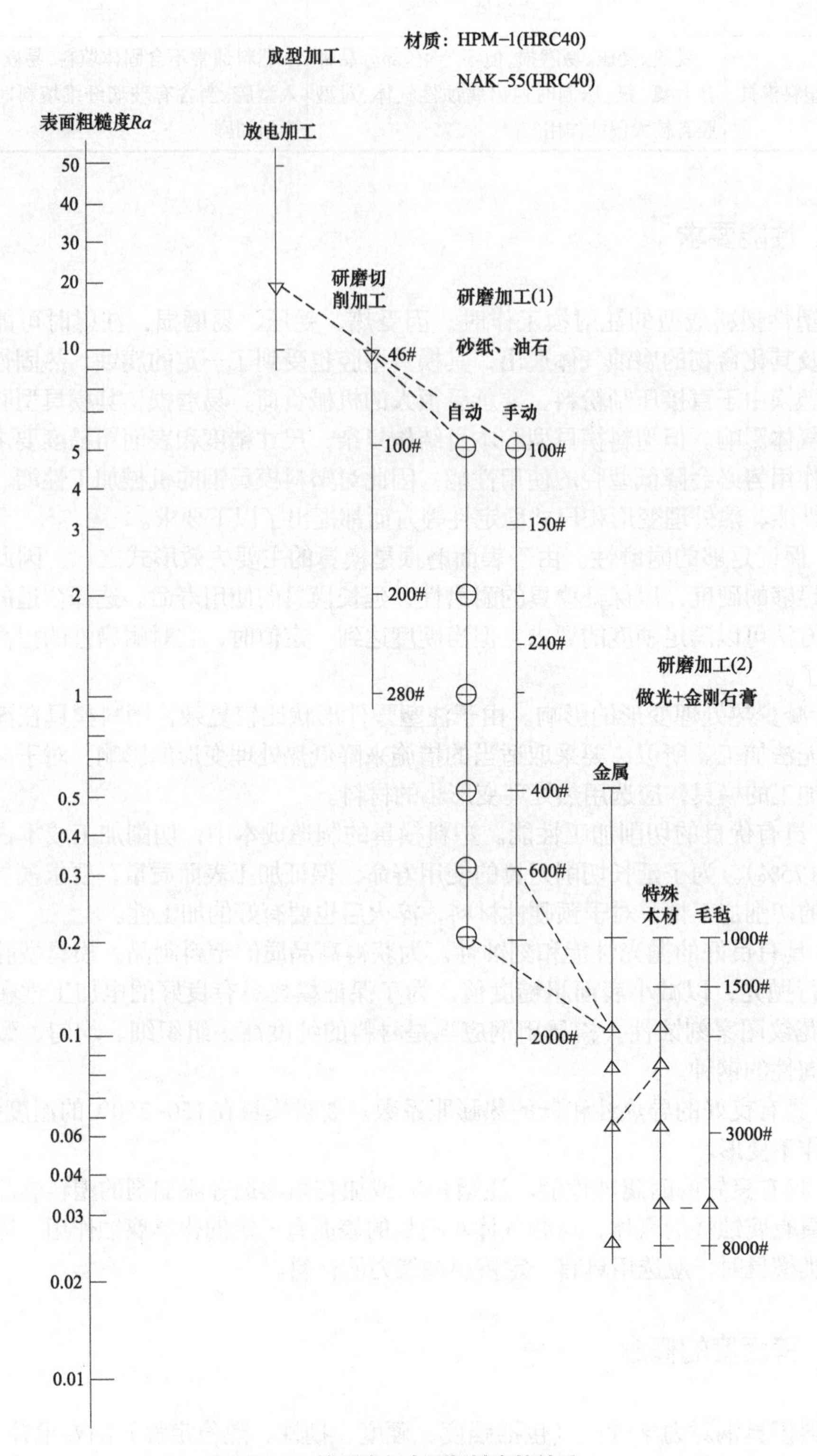

图5-1 镜面度与表面粗糙度的关系

面粗糙度和抛光性能是塑料模具钢的关键性能。对于塑料模具钢的抛光性能，国内一般只用表面粗糙度表示，不能反映钢材抛光性能的细微差别。日本大同特殊钢公司使用镜面度来表示塑料模具钢的抛光性能，就能直观反映钢材抛光性能的细微差别。镜面度是塑料模具钢所能达到的最高抛光精度，它与表面粗糙度的关系如图5-1所示。由图5-1可知，镜面度是表面粗糙度的函数，相当于放大的度量刻度。

一般认为，模具钢经研磨、抛光后，镜面度达到或超过2000#，即为镜面模具钢，对应的表面粗糙度Ra_I值为0.075μm，表面光洁度为∇11~∇12，接近国内的抛光上限。图5-2为日本大同特殊钢公司测试的各种塑料模具钢的镜面度，其中镜面度最低的是PDS1（相当于55碳钢），镜面度仅为1500#，镜面度最高的是MASIC钢，镜面度为13500#，镜面度为2000#~13500#的镜面模具钢有10种，非常细致地表示了塑料模具钢的抛光性能和适用产品。由此可见，在塑料模具钢中引进镜面度的概念非常具有现实意义。

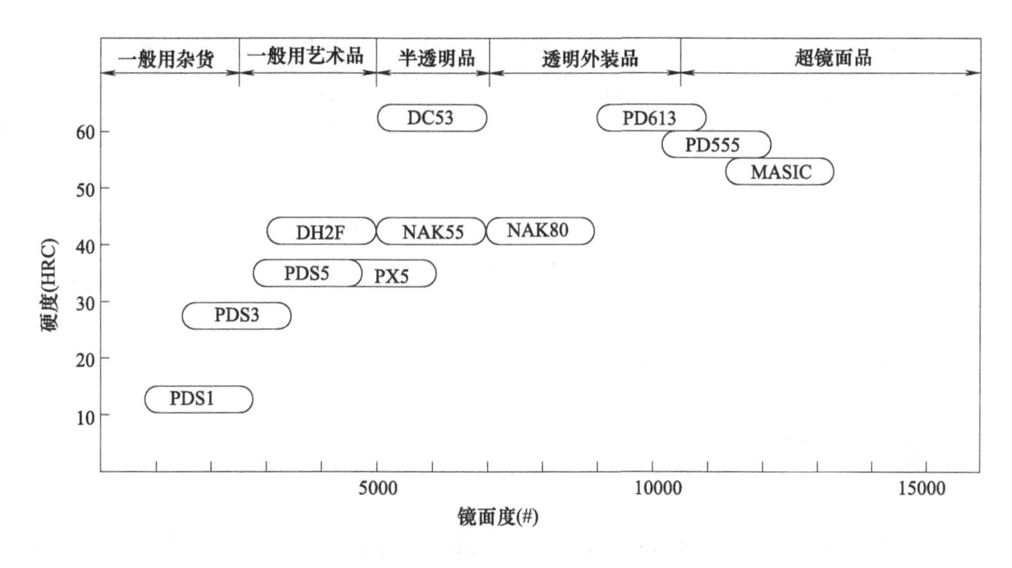

图5-2　各种塑料模具钢的镜面度

5.1.5　塑料模具用钢的要求

（1）塑料模具用钢与结构钢要求不同，结构钢只要化学成分和力学性能合格即可满足使用要求。而塑料制品为满足表面镜面抛光、绒面和腐蚀皮纹三项工艺要求，对模具材料提出了以下特殊要求。

① 晶粒度细。

② 氧化物和硫、磷夹杂少，分散均匀，颗粒细。

③ 气孔、疏松、裂纹缺陷少，分散均匀，单缺陷截面积小。

④ 高级镜面钢经柔锻工艺形成细晶粒组织，而且没有轧制形成的树枝状组织。

（2）塑料模具钢生产难度大，要求特殊，按结构钢模式生产达不到质量要求。下面以日本大同特殊钢模具钢的生产状况为例进行说明。

① 钢冶炼情况与国内情况相似，六道垂直连铸机铸锭保证了长度方向的成分均匀。

② 6m长锭坯在自制专用磨床上去氧化皮，减少氧化物夹杂。

③ 180m长氮气热处理炉和120m长氩气保护炉，减少了钢锭二次氧化的可能性。

④ 中小尺寸模块采用平立组合轧机生产线，轧出小圆角模具板坯，减少后续加工费用。

⑤ 所有形状轧制后都进行校直，轧一次校一次，保证材料长度方向的精度。

⑥ 所有轧制钢材均经过超声波或涡流探伤，并在线自动剔除废品。

⑦ 入库或发货前经喷砂、喷漆、喷牌号、两端打字等工序，既进行了分区，也免除生锈的可能性。

⑧ 洗衣机、电视所用的大型模具锻块，铸锭后用水压机直接锻造成型。大锻块经六面加工，四周涂漆，上、下两面涂油，堆垛七八米高。

⑨ 钢块连同模架和模具附件同时出售，钢块、模架、模具附件都是按照统一标准生产的，具有很高的通用性，方便模具后续加工时缩短工时。

⑩ 模块采购也有技术要求，据厂家介绍，如果模具厂购买一块600mm×400mm×100mm的模块，应要求钢厂从600mm宽的坯料上切下一块400mm钢块，因板料轧制方向用于短边，横向用于长边，模具今后使用中变形量小。假如模块加工后需要热处理，更需要注意板料长度方向收容量大的问题。

5.1.6 塑料模具钢选用

为满足现代模具产业发展的需要，模具的精度以及对高精度塑料模具抛光后达到的镜面效果的要求越来越高，而模具表面粗糙度对产品和模具本身的质量、寿命都有相当大的影响。国内外研究表明，模具钢材的性能水平、材质优劣以及热处理工艺的选用是影响模具寿命的重要因素。塑料模具的不同组成零件对材质的要求是不一样的，对于结构零件，包括浇注系统、导向件、定模板、顶出机构件等，选用的材料一般为中、低碳的碳素结构钢、合金结构钢或碳素工具钢。而对于成型零件，包括型腔、型芯、镶嵌件等，其选用的材料决定了模具的性能、寿命和成本的级别。一般的塑料用品制作选用的模具钢见表5-2。

塑料模具钢一般分为时效硬化型塑料模具钢（含镜面模具钢）、渗碳型塑料模具钢、预硬型塑料模具钢（含易切削钢）、耐蚀型塑料模具钢、调质型塑料模具钢和淬硬型塑料模具钢六个大类。目前应用较多的是时效硬化型塑料模具钢、渗碳型塑料模具钢和预硬型塑料模具钢。

⊡ 表5-2 塑料件用模具钢的选择

塑料种类	典型制件	制作特点	模具要求	芯模材料
ABS	外壳	一般	强度、耐磨性	P20、SM1、42CrMo
PP	风扇叶	一般	强度、耐磨性	SM2
ABS	仪表盘	光滑	耐磨、刻蚀性	PMS、SM2
有机玻璃	汽车灯罩	一般透明	耐磨、抛光性	PMS、SM2、5NiSCa
AS	日用透明盒		耐磨、抛光性	P20、5NiSCa、SM2
有机玻璃/聚苯乙烯	镜头	光学玻璃	极高的抛光性及防锈性	PMS、PCR
POM	工程塑料件、外壳	薄壳件、中空件	高耐磨性和抛光性	P4410、5NiSCa、65Nb718
PC			耐磨、抛光和耐腐蚀性	SM2、65Nb
酚醛/环氧树脂	齿轮	热固性	强度和高耐磨性	8CrMn、06Ni
ABS+阻燃剂	家电外壳	阻燃	耐腐蚀性	PCR
PVC	日用塑料件	一般	强度和耐腐蚀性	38CrMoAl、9Cr18Mo

（1）时效硬化型塑料模具钢

时效硬化型塑料模具钢一般含碳量较低，合金含量较高，生产中多采用真空冶炼和电渣重熔工艺。时效硬化型塑料模具钢经固溶处理后变软（一般为HRC28~35），可以进行加工，模具制造成型后进行时效处理，可获得很高的综合力学性能，且时效处理的变形小（一般仅有0.01%~0.03%）。时效硬化型塑料模具钢具有很好的焊接性能，可进行表面氮化处理等，主要应用于制造复杂、精密、高寿命的塑料模具和透明塑料制品模具等。时效硬化型塑料模具钢主要包括马氏体时效钢和无钴低镍时效硬化钢两类。

① 马氏体时效钢典型钢号为18Ni马氏体时效钢，属于高镍钢。马氏体时效钢有18Ni（140）、18Ni（170）、18Ni（210）、18Ni（250）、18Ni（300）、18Ni（350）、18Ni9Co等钢种，国外钢号有MASIC、YAG250、YAG350等，由于马氏体时效钢含有大量的钴和镍，价格昂贵，应用范围大大受限。目前主要应用在高耐磨、高精度、

超镜面、型腔复杂的塑料模具。

② 无钴低镍时效硬化钢，又称析出硬化钢，典型钢号有国产PMS（10Ni3MnCu-AlMo）、06Ni（06Ni6CrMoVTiAl）和25CrNi3MoAl等，国外主要有美国的P21（20CrNi4AlV）和日本的HPM1、N5M、N3M、NAK55、NAK80等钢种。这类钢由于无钴和较低的镍含量，在我国应用范围较广。无钴低镍时效钢是一种Ni-Cu-Al析出硬化型高级镜面模具钢。析出硬化钢具有良好的冷热加工性能和综合力学性能，热处理工艺简便，变形小，淬透性高，适宜进行表面强化处理，在软化状态下可进行模具型腔的挤压成型。锻造空冷后不需退火，即可进行机械加工。固熔淬火后，硬度在HRC30左右，便于机械加工。时效处理后可获得HRC40~45的较高硬度，抛光处理表面可以达到镜面光亮度，具有洁净抗蚀能力，图案蚀刻性特别好。PMS钢是制造高镜面、高精度、蚀刻性能优良的热塑性塑料模具用钢，也可用于部分增强工程塑料模具。适用于使用温度在400℃以下、硬度为HRC30~45的各种透明塑料制品、光学镜片、外观要求高度光亮、表面有花纹图案的各种热塑性精密塑料模具。如光学透镜、汽车灯具、磁带盒、仪表面板及电话机、收录机、微型电视机等家用电器塑料制品的成型模具。

（2）渗碳型塑料模具钢

渗碳型塑料模具钢的碳含量一般在0.1%~0.25%范围内，退火后硬度低、塑性好，具有良好的切削加工性能，成型后可进行渗碳、淬火、回火，模具心部韧性好、表面硬度高、耐磨性能好。常用钢号国产有10、20、20Cr、20CrNiMo、20CrMoTi、12Cr2Ni2、12CrNi3A等；美国有P2~P6系列；日本有CH1、CH2、CH41；德国有21MnCr5、X19NiCrM04、X6CrM04、WE5、CNS2H等钢种。

10、20渗碳钢价格便宜，渗碳后表面具有高硬度和耐磨性，但其淬透性差，心部强度低，适宜做承受小载荷、要求不高的塑料模具。20Cr钢淬透性高，淬火、低温回火后具有良好的综合力学性能。20Cr渗碳处理后再进行淬火和低温回火，能达到具有很好的心部韧性和表面的高硬度、高耐磨性，适宜用于中小型塑料模具。12CrNi3A是另一典型渗碳钢，该钢退火后硬度低、塑性好，可进行切削加工，也可冷挤压成型塑料模具。模具成型后进行渗碳处理，再进行淬火和低温回火，适宜用于制造大中型塑料。

（3）预硬型塑料模具钢

预硬型塑料模具钢属于低中碳钢，含碳量一般在0.3%~0.5%范围内，添加有Cr、Mo、Mn、Ni、V等合金元素。预硬型塑料模具钢在供货状态下已经进行过调质处理，达到模具所要求的硬度和使用性能。常用钢号有P20（3Cr2Mo）、H13（4Cr5Mo-SiV1）、718（3Cr2MnNiMo）、PDS3、PDS5、HPM2、HMP17、KTV、40Cr、42CrMo、5CrNiMo、5CrMnMo、4Cr5MoSiV等。P20是国际广泛使用的预硬型塑料模具钢，最早由美国提出，综合力学性能好、淬透性高，钢材可在较大截面上获得均匀硬度，并具有良好的镜面加工性能。P20预硬化后硬度为HRC28~35，可经冷加工成型模具，适合于制造大中型精密的长寿命塑料模具。基于P20的改良型钢种有很多，瑞典718钢在P20基础上添加1%镍，增加了淬透性；德国蒂森克虏伯公司的GS738和专利钢材P20M比P20具有更高光整性；添加元素B、S、Ca后的P20BSCa具有优良的切削性能。40Cr是机械制造业使用最广泛的钢种之一，调质处理后具有良好的综合力学性能、低温冲击韧性和低的缺口敏感性。40Cr能进行渗氮和高频淬火处理，切削加工性能良好，适用于制作中型塑料模具。国产8Cr2S（8Cr2MnWMoVS）和5NiSCa（5CrNi MnMoVSCa）在预硬型塑料模具钢中加入S、Ca等元素，具有优良的切削加工性能。5NiSCa与P20BSCa性能相近，适用制造各种尺寸的注塑模。

（4）耐蚀型塑料模具钢

耐蚀型塑料模具钢具有中、高的碳含量和高的铬含量，属于档次较高的塑料模具钢材。耐蚀型塑料模具钢对氯、氟等气体有很好的抗腐蚀能力，同时有较好的强硬度和耐磨性，我国常用的钢种有2Cr13、3Cr13、4Cr13（420）和9Cr18、9Cr18Mo、1Cr17Ni2、3Cr17及17-4PH钢（0Cr17Ni4Cu4）和PCR钢（0Cr16Ni4Cu3Nb）钢等。国外有德国蒂森克虏伯公司GS-083系列、瑞典的168S和日本的PD555、HPM38等钢种。4Cr13（420）属于典型的中碳高铬马氏体型耐蚀钢，4Cr13机械加工性能较好，热处理（淬火及回火）后具有较高的强度和耐磨性、抛光性能和优良的耐腐蚀性能，但其可焊性能较差，适用于制造承受高负荷、高耐磨及在腐蚀介质作用下的塑料模具、透明塑料制品模具。9Cr18Mo属于高碳高铬马氏体耐蚀钢，是在9Cr18钢的基础上添加Mo发展起来的，具有高的硬度、高耐磨性、抗回火稳定性和耐蚀性。9Cr18Mo高温尺寸稳定性较好，但热加工时需采用较高的变形比以改善不均匀的共晶碳化物偏析，从而对模具使用寿命有影响，适用于腐蚀环境下高负荷、高耐磨的塑料模具。1Cr17Ni2属于低碳铬镍马氏体型耐酸不锈钢，具有较高的强硬度，对氧化性的酸以及有机酸容易具有良好的耐腐蚀性能，但其焊接性能不好，易产生裂纹。1Cr17Ni2适宜制造腐蚀介质作用下的塑料模具和透明塑料模具。PCR钢（0Cr16Ni4Cu3Nb）属马氏体沉淀硬化不锈钢，国外牌号NAK101，在1050℃固溶空冷后得到单一的板条马氏体，硬度为HRC32~35，可以进行切削加工，经460~480℃时效后，硬度为HRC42~44，有较好的综合力学性能和抗蚀性能，在含氟、氯等离子的腐蚀性介质中耐蚀性明显优于不锈钢，其耐蚀性比17-4PH钢（0Cr17Ni4Cu4）提高3倍左右，适用于制造含氯、氟或加入阻燃剂的热塑性塑料的注射模具。

（5）调质型塑料模具钢

调质型塑料模具钢碳含量一般为0.4%~0.6%，属于中碳钢。调质处理后，模具钢具有较好的综合力学性能，适用于大多数对使用寿命、精度要求不高的中小型模具。调质型塑料模具钢包括碳素调质钢和合金调质钢，主要有下列一些钢种：45、50、55、40Cr、40Mn、50Mn、S48C、4Cr5MoSiV、38CrMoAlA、3Cr2Mo、42CrMo等。国外牌号有日本的PDS1、S45C、S55C等。

（6）淬硬型塑料模具钢

淬硬型塑料模具用钢属于高碳含量的钢种，热处理（淬火、回火）后硬度通常高于HRC45~50，适用于受力大、易磨损，并受到周期性脱模冲击和碰撞的热固性塑料成型模。常用的淬硬型塑料模具钢有碳素工具钢（T7~T12）、低合金冷作模具钢（9Mn2V、9CrWMn、9SiCr、7CrSiMnMoV）、Cr12型钢（Cr12、Cr12MoV1、Cr12MoV），热作模具钢（5CrNiMo、5CrMnMo、4Cr5MoSiV、4CrSMoSiV1）、高速钢（W6Mo5Cr4V2）和基体钢。国外牌号有低合金冷作模具钢SKS3，Cr12型钢SKD11系的PD613、HPM31、PMD1等。碳素工具钢仅适用于制造耐磨性较高，但尺寸不大，受力较小，形状简单以及变形要求不高的塑料模，一般对于制造要求表面耐磨而心部有一定韧性的凹模是十分有利的。低合金冷作模具钢主要用于制造尺寸较大、形状较复杂和精度较高、生产批量大及耐磨性好的塑料模。Cr12型钢适用于制造要求高耐磨性（含有固态粉末或玻璃纤维）的大型、复杂和高寿命的精密塑料模。热作模具钢适用于制造有较高强韧性、使用温度较高和一定耐磨性的塑料模。对于大型、精密、形状复杂的型腔及嵌件，要求热处理后即有优良耐磨性的模具可考虑选用基体钢。常用塑料模具钢的化学成分与性能见表5-3。

NAK55、NAK80、NAK101、PD613、PD555、MASIC为特殊熔化钢材。

5.2 塑料模具的修复

5.2.1 塑料模具失效形式

塑料模具承受的高温、受压、交变应力等复杂的服役条件，将会导致塑料模具失效，其失效形式主要表现为表面磨损和腐蚀、断裂、塑性变形等。

（1）表面磨损和腐蚀失效

表面磨损和腐蚀是塑料模具失效的主要形式，一般占塑料模具失效的40%~50%。在模具型腔内，熔融的塑料以一定速度和压力流动，经冷却、固化后的塑料产品从模具中脱出，致使模具型腔表面与塑料件之间产生摩擦，引起模具型腔表面磨损。塑料中含有诸如云母粉、硅砂、玻璃纤维、钛白粉等硬质固体填料将加剧磨损。一些含有氯、氟等成分的塑料在高温熔化后，容易分解释放出氯化氢、氟化氢等气体，这些气体具有较强的腐蚀性，将使模具型腔表面产生腐蚀。当磨损、腐蚀达到一定程度后，将引起型腔尺寸超差、形状变化、表面粗糙度值增大，导致模具失效，从而造成塑料制品质量不合格。

表5-3 常用塑料模具钢的化学成分与性能（日本大同特殊钢）

系统	JIS材质系列	大同钢钢号	相当钢号	类别	使用硬度(RC)	质量分数/%						主要用途	应用制品
						C	Ni	Cr	Mo	V	其他		
预硬系	SC系	PDS1	CK55、1055、45、55	调制型	33	0.55	—	—	—	—	—	大型一般模具、蚀花加工适用型	挡板、汽车散热器栅格板、仪表面装板控制箱、家用杂品、家用电器、玩具类
	SCM系	PDS3	4145、42CrMo、HMP17	预硬型	28	0.45	—	1.1	0.25	—	—	大型一般模具、镜面使用型	尾灯、镜壳、挡板、散热器栅格板 电视机外壳、收录机、摄像机 家用电器
		PDS5	P20改良、618、HPM2		33	未公开							
		PX5	P20-Ni、718		33	未公开							
	SUS系	PD742	420F	耐蚀型	32	0.3	—	13.5	—	—	S	耐蚀母模、托板、安装板	
	析出硬化系	NAK55	PMS	无钴低镍时效硬化型	40	0.15	3	—	0.3	—	Cu、S、Al	精密量产	摄像机、电话机、收录机 音响设备、化妆品容器、透明罩类、胶片
		NAK80	P20、HPM1、SM2		40	0.15	3	—	0.3	—	Cu、Al	精密产量、高镜面	

续表

系统	JIS材质系列	大同钢号	相当钢号	类别	使用硬度(RC)	质量分数/%						主要用途	应用制品
						C	Ni	Cr	Mo	V	其他		
预硬系	析出硬化系	NAK101	630改良、17-4PH、PCR（0Cr16Ni-Cu3Nb）	耐蚀型马氏体沉淀硬化钢	40							高耐蚀	流雨管槽、管类
	SKD系	DH2F	H13改良、4Cr5MoSiV1	预硬型	35	0.37	—	5.3	1.3	1	S	耐磨	一般工程塑料部件
淬火、回火系	SKD系	DHA1	H13、4Cr5Mo-SiV1、DAC		48	0.39	—	5	1.2	0.6	—	高耐蚀	
		DC53	D2改良、HPM31、HMD1、Cr5Mo1V、XW-10、Cr12MoV、X165CrMoV12	淬硬型	62	未公开							
		PD613			58	未公开						精密量产、高耐磨	磁带盒、微型开关、接线器、齿轮类
	SUS系	PD555	420改良、HPM38、GS-083、168S、4Cr13	耐蚀性	55	未公开						精密量产、超镜面、耐蚀	照相机机身、压制唱片、透镜、表壳
马氏体实效系		MASIC	YAG250、YAG350、18Ni（250）、18Ni（300）、18Ni（350）	时效硬化型	焊后30 时效处理后53	≤0.3	18.5	—	5	—	AI、Ti、Co	高耐磨、高精度、超镜面、型腔复杂的塑料模具，高韧性销类	细径销类

（2）断裂失效

断裂失效在塑料模具失效形式中占30%~40%，是危害最严重的失效形式。断裂可分为过载折断和疲劳断裂，当模具受到的载荷超过其所能承受的最大极限载荷时将出现过载折断；由于每生产一个产品，就受一次循环应力，塑料模具处于交变循环应力状态，当循环次数达到一定值后，在棱角和薄壁部位，受应力集中的影响，将产生微裂纹（裂纹源），随着时间推移，微裂纹会不断扩大，最终导致模具疲劳断裂。疲劳断口呈现出光滑区和粗糙区，裂纹源是疲劳产生的源头，光滑区呈水波纹状，以中心向四周扩散，粗糙区是裂纹尺寸达到一定程度后突然断裂的区域。

（3）塑性变形失效

在塑料模具失效形式中占10%~20%，模具在使用过程中，其型腔表面受压、受热以及型腔表面有效硬化层过薄可引起表面凹陷、皱纹、棱角坍塌及麻点等局部的塑性变形。大吨位设备上工作的小模具更容易产生超负荷塑性变形，当模具塑性变形超出了规定要求的尺寸范围时，将造成模具失效。

5.2.2 塑料模具修复技术

随着塑料模具向小型、精密、多样化和大型、复杂、精密化的方向发展，其制造工艺日趋复杂、生产周期长、生产成本高。特别是大多数精密模具要从国外进口，价格极高，并且标准配件种类少。若是早期失效，将给企业造成重大的经济损失。因此，应用各种维修技术精密修复失效的塑料模具，使其重新投入使用，有着显著的经济和社会效益。模具失效的主要形式是磨损和疲劳，针对塑料模具使用过程中产生的磨损或者疲劳裂纹、沟槽等缺陷应及时修复。另外，模具使用寿命取决于抗磨损和抗机械损伤能力，一旦磨损过度或机械损伤，需经修复才能恢复使用。

目前国内外塑料模具主要的修复技术有以下4类。

① 喷涂。喷涂在塑料模具的精密修复中多是指火焰喷涂、等离子喷涂等。喷涂法是在模具表面形成具有一定结合强度的涂层来修复模具。喷涂的优点是工艺过程简单、易操作，被喷涂物体的尺寸、大小和形状不受限制；可实现整体与局部工件的喷涂修复；喷涂镀覆层厚度为0.1~2.5mm。缺点是涂层与基体结合方式为机械结合、易于剥落；另外，有些喷涂设备复杂且工艺条件要求高，不易操作。

② 电刷镀。电刷镀法主要针对的是塑料模具在加工中出现的局部微量尺寸超差，或者在使用过程中出现的划伤、沟槽、压坑以及磨损等缺陷。电刷镀的主要缺点是电镀层很薄（一般不超过0.3mm）、与基体机械结合，容易造成污染，而且修复成本高。优点是工艺简单、操作灵活，镀层表面光滑且耐蚀性高，可在不拆卸模具的情况下完成对模具表面的修复。

③ 堆焊。堆焊法经常用来修复注塑模具，因设计尺寸改变或者因使用过程而引起的变形等缺陷。堆焊的原理是将填充金属焊接在模具损坏处的表面上，以便得到所

要求的性能和规格。堆焊法按工艺方法分为电弧堆焊和电火花堆焊。电弧堆焊是采用极间低电压、大电流持续供电所产生的电弧将金属熔化后进行焊接的一种方法，它是现代工业生产的一项重要加工工艺，具有省金属材料、减轻劳动强度的优点。电火花堆焊是利用电火花放电的高能量电能，将各种电极材料在瞬间无热量输入的情况下，熔渗进金属模具表面。堆焊技术在传统上多是手工焊，也能够成功地修复塑料模具。其缺点是热输入量大，工件或者修复部位变形大，易产生缺陷，影响模具使用寿命。

④ 激光熔覆修复技术。由于激光技术的发展，近年来激光熔覆的方法也越来越多地应用于模具修复领域的研究与应用中。激光熔覆技术因具备热输出能量大、热变形小、光斑直径小、可准确定位、修复效率高、操作方便、无污染等优点，近些年被广泛应用。激光熔覆修复模具的主要特点包括：加热和冷却速度快，畸变较小；对各类不同形式的缺陷可选择送粉或预置粉末方式，由于激光束具有较好的聚焦特征，热输出发生在局部，基板中输入的能量较低，故热影响区很小；修复层与基体结合强度高等。

5.2.3 焊接修复方法及其选择

塑料模具的修复类型多种多样，在选择最合适的焊接修复方法时，所需考虑的因素也会有所不同。总的来说，对于一个特定的模具修复需求，焊接方法的选择标准主要考虑以下因素。

① 金属熔化速率（即修复效率）。

② 焊接设备的便携性。

③ 位置特殊和几何外形复杂部位的焊接灵活性。

④ 单位时间的修复费用。

⑤ 设备的安装准备时间。

⑥ 修复区的成型质量（是否存在孔洞、裂纹）。

⑦ 修复区与基材性能的一致性。

⑧ 对基材的不利影响（工件变形大小、热影响区尺寸）。

⑨ 焊接操作的重复可靠性和可行性（对操作工技能和经验的依赖性）。

⑩ 是否需要焊前预热和/或焊后热处理。

目前在模具修复领域应用最为广泛的焊接方法主要有两种，分别是惰性气体钨极保护焊（TIG）和激光焊（Laser Welding），分别约占所有模具修复任务的2/3和1/3。TIG 焊之所以相对于激光焊在模具修复领域更加受到青睐，是因为其修复成本低，而且修复时间短。TIG 焊的低修复成本源于其设备简单、投资小，便捷易操作，且有多种尺寸的焊枪配套，尤其是相对于昂贵的激光焊接设备来说，这种优势更加突出。其较短的修复时间则源于两个因素：较高的焊接速率和较短的设备安装准备时间。TIG 焊接修复方法因其为手工操作，具有高度的灵活性，允许进行几何外形错综复杂、位置特殊的模具修复，修复效率高、成本低、修复层与基体冶金结合等优点，在模具修复领域获得了广泛应用，是最为常用的模具修复方法。其不足是，部分焊接方法，如TIG 焊因其热输入量较大，容易出现工件变形、修复区存在缺陷或开裂脱落等问题而影响模具使用寿命，但这些问题可以通过选择合理的焊接方法和工艺减弱其负面影响甚至完全避免。

5.2.4 塑料模具焊接材料

塑料模具的焊接修复除要达到模具的力学性能外，还要满足模具的抛光性能、腐蚀性能、加工性能等工艺性能要求，焊接材料的正确选择，是塑料模具修复的基本保证。由于塑料模具涉及碳钢、合金钢等各种钢材和铸铁、青铜、锌基合金等各种材料，用于各种工况，制造容器、管槽、光盘、镜片等各种塑料制品，所以，必须选择塑料模具钢相对应的焊接材料。国内外各个塑料模具钢制造公司都针对各种塑料模具钢开发了相应的焊接材料，其中瑞士卡斯特林公司开发的模具钢焊接材料颇具针对性，品种齐全。表5-4 是该公司开发的塑料模具修复焊丝选择表，涵盖了国内外的各种塑料模具钢，可以满足目前塑料模具焊接修复的要求。焊接修复实践中，要严格按照表5-4选择焊接材料。

表5-4 塑料模具修复焊丝选择表（瑞士卡斯特林公司）

E+C 焊接材料	适用模具材料	使用特性				
		JIS系	使用硬度	涂镀加工	拉花加工	其他
Casto TIG66	PDS1、CK55、1055、45、55	S45C、S55C	HB150	◎	◎	
Casto TIG501	PD613、D2改良、HPM31、HMD1、Cr5Mo1V、XW-10、Cr12MoV	SKD11系	HRC55~62	○		淬火+回火
Casto TIG503	T8、T10、9CrWMn	SKS3		○	○	
Casto TIG504	PDS3、PDS5、PX5、4145、42CrMo、HMP17、P20、618、HPM2、718	SCM系	HRC25~30	○	○	
Casto TIG505	NAK55、HPM1、PMS	析出硬化系	HRC35~45	○	○	镜面加工

续表

E+C焊接材料	适用模具材料	使用特性				
		JIS系	使用硬度	涂镀加工	拉花加工	其他
Casto TIG506	DHA1、H13、DAC	SKD61	HRC45~55	○		淬火+回火
Casto TIG508	DP555、HPM38、GS-083、168S、4Cr13、420	耐蚀钢 SUS系	HRC45~60	○		淬火+回火
Casto TIG580	NAK55、NAK580、P21、HPM1、SM2	析出硬化系	HRC35~45	○	○	镜面加工
Casto TIG6055	MASIC、YAG、18Ni(250)、18Ni(300)	析出硬化系	焊后HRC30 时效处理后 HRC53	○		时效处理
Casto TIG680	全钢种		HB220			全钢种的焊接和裂纹修补打底
Casto TIG6800	NAK101、630、17-4PH、PCR		焊后HB220 加工硬化 HB300~380			耐腐蚀（氯离子）
Casto TIG182	铜合金					铍青铜的堆焊和焊接

5.3 塑料模具补焊工艺

5.3.1 焊接工艺

（1）预热

大部分塑料模具钢是高合金钢，可焊性较差，在焊接修复已经热处理的塑料模具时，为防止焊接高温产生开裂，必须在焊接前进行预热处理，预热温度一般应在模具材料马氏体转变温度以上，以避免在焊接部位形成脆硬的未回火马氏体。预热温度按照模具钢的碳当量估算：

碳当量＝(C+Ni/15+Cr/5+Mo/4+V/4+Mn/6)×100%

预热温度＝碳当量×500℃

塑料模具钢一般预热应在400~500℃。模具钢的焊补预热温度不能大于500℃，以免造成模具变形失效。预热方法可以选择履带式加热器加热、火焰加热、工业炉窑加热等方式。其中，火焰加热方便易行，但预热温度和升温精度不好控制，模具温度均匀性难以保证；履带式加热器采用高温陶瓷电热管加热，包覆在模具外表面，升温速度和预热温度控制精确，可以加热比较大的模具；工业炉窑由于控温精确、模具温度均匀，所以应尽量采用工业炉窑加热。

（2）焊接

塑料模具型腔复杂、损伤多种多样，焊接操作是比较困难的。因此对操作者的技术水平要求很高，必须经专门培训才能胜任该项工作。操作者水平的高低及经验的丰富程度，对焊接质量有着直接的影响。焊接时应遵循低热输入原则，采用低频或高频脉冲电流，对减少热输入、残余应力和热变形是有利的。焊接时应使用多次少量的熔滴，勿使用少次多量的熔滴。多层焊接时，后续电流不要大于第一层电流，以免影响母材。在母材与焊缝交界处，应使用更小电流覆盖，以避免产生收缩凹陷。在多层焊接时，每层对先焊组织及热影响区都具有回火效应。每次收弧时，可采用电流衰减收弧，以避免产生收弧裂纹。

预热、回火温度与层间温度均应控制在500℃以内。焊接时，应快速操作，以免温度下降，可以使用辅助加热装置或多次加热的方式进行。常用直流TIG焊接参数见表5-5、常用直流脉冲TIG焊接参数见表5-6。

表5-5　常用直流TIG焊接参数

氩气流量/(L/min)	初始电流/A	上升时间/s	焊接电流/A	衰减时间/s	收弧电流/A	用途
6	10	3~5	30	5~10	10	棱角、刃口、窄边堆焊
6	10	3~5	40	5~10	10	棱角、刃口、窄边堆焊
6	10	3~5	50	5~10	10	倒角大的棱角、刃口、窄边堆焊
8	20	3~5	60	5~10	10	平台凸台、内角等部位
8	20	3~5	80	5~10	10	平台凸台、内角等部位

续表

氩气流量/(L/min)	初始电流/A	上升时间/s	焊接电流/A	衰减时间/s	收弧电流/A	用途
8	20	3~5	100	5~10	10	平台凸台、内角等部位
8~12	20	3~5	120	5~10	10	大厚模具内角、沟槽、裂纹
8~12	20	3~5	150	5~10	10	大厚模具内角、沟槽、裂纹
8~12	20	3~5	180	5~10	10	大厚模具内角、沟槽、裂纹

⊡ 表5-6 常用直流脉冲TIG焊接参数

氩气流量/(L/min)	初始电流/A	上升时间/s	基值电流/A	峰值电流/A	衰减时间/s	收弧电流/A	频率/Hz	脉冲宽度/%	用途
8	20	3	40	80	5~10	10	1~2	50~70	平面、圈边
8	20	3	10	80	5~10	10	1~2	30~50	铸铁、锌合金或立焊位置
8	20	3	10	100	5~10	10	1~2	30~50	铸铁、锌合金或立焊位置
6~8	10	3	10	40	5~10	10	1~2	30~50	外锐角、刃口、窄边等
6~8	10	3	10	50	5~10	10	1~2	30~50	外锐角、刃口、窄边等
6~8	20	3	10	60	5~10	10	1~2	30~50	铸铁、锌合金或立焊位置
8~12	20	3	40	100	5~10	10	1~2	50~70	平面、内角等
8~12	20	3	40	120	5~10	10	1~2	50~70	平面或沟槽
8~12	20	3	40	180	5~10	10	1~2	50~70	平面或沟槽

（3）焊后热处理

堆焊修复后的模具要进行去应力退火处理以消除焊接应力，其原因是焊接温度场的不均匀性，堆焊后模具内部存在残余应力，如果冷却速度过快，表面金属收缩产生内应力，严重时可使模具型腔开裂。此外，采用适当的热处理还会改善堆焊合金层的组织与性能。如果退火加热温度过高，虽然消除应力效果好，但会使堆焊层硬度下降太多，降低模具的耐磨性能；若温度过低，则会造成应力消除不彻底，因此要两者兼顾。一般退火温度大于480℃才能将堆焊层应力基本消除。对已经热处理的模具，焊接后，需经回火到所需硬度，回火温度应比原回火温度低5~10℃，以期达到适当的韧性和避免降低母材硬度。如采用Casto TIG6055焊丝焊接，则可在机械加工后，再经人工时效回火达到时效硬度。对未经热处理的模具，焊接后，先退火，再依条件进行热处理。

5.3.2 高镜面度模具修复

高镜面度塑料模具修复需遵循以下规则。

① 焊接前，用毛刷和溶剂（丙酮）清洗去油，不准用金属刷和不洁棉丝，以免划伤模具表面。

② 为保证与母材相同的抛光效果，焊丝应按照表5-5、表5-6所示选择与母材相应的牌号。

③ 使用化学成分与母材一致的焊接材料，才能保证注塑件在模具补焊部位不留痕迹。使用代用焊丝，即使模具表面不留痕迹，注塑件上也会有明显痕迹。

④ 严格遵守焊接操作规程，保证修复部位与模腔完好。

5.3.3 绒面注塑模具修复

绒面注塑模具修复需遵循以下规则。

① 绒面注塑模具的表面绒面制备方法分为电火花加工和喷砂处理。

② 电火花加工的绒面注塑模具修复时，焊接材料应与母材相同，否则电蚀面不均匀，腐蚀坑深浅不一，纹路不一致。要求严格的模具，焊后应做500℃×3小时的均温处理。

③ 喷砂处理制备的绒面模具焊接时，应力求补焊部位硬度与母材一致。否则，焊后重新喷砂会造成纹路不均匀。

④ 绒面模具表面不能用手触摸，否则会在注塑件上留下手印，需要重新喷砂制备绒面。

⑤ 如不含光面部位而不准破坏绒面的完整性，需用1.2mm厚的纯铜板制造工装遮挡绒面。

5.3.4 表面皮纹注塑模具修复

表面皮纹注塑模具补焊修复需遵循以下规则。

① 注塑模具表面皮纹采用电化学方法腐蚀制取，纹路品种很多，不同的皮纹往往通过照像制版然后腐蚀两道工序制取。

② 皮纹模具应用于汽车、电视机等大型注塑模具。生产中皮纹损伤时有发生，补焊方法与其他注塑模具一致。

③ 皮纹模具补焊焊丝成分必须与母材一致，否则腐蚀纹路不均匀。

④ 要求高的模具，焊后应做500℃×3小时的均温处理。

⑤ 焊后手工修平再抛光至与母材同等高度。

⑥ 皮纹修复方法：

a. 手工专业雕刻——成本低，均匀性差。

b. 手工局部腐蚀——成本低，均匀性差。

c. 重新制版腐蚀——质量高，成本高。

5.3.5 注塑口高温合金强化

① 注塑模具注射口易磨损，导致注射口扩大，造成进料多于成型量，塑料件飞边严重。另外一些产品，塑料中填料硬度高，如添加玻璃纤维或矿物粉末、金属粉末等，也加快注射口磨损。

② 采用钴基或镍基高温合金堆焊注射口部位，重新加工注射口（电火花穿孔或机械加工孔），可大幅度提高注射口的寿命。

5.3.6 铍青铜注塑模具修复

① 铍青铜注塑模具由于模腔光亮度保持好，常用于制作生产灯具和化妆品等光亮度高的产品的注塑模具，国外用量较大。

② 铍青铜模具修补采用Casto TIG182焊丝。

③ 铍青铜模具边角和平面与内角传热差别大，规范差距大，操作时需注意母材温度变化。

④ 铍青铜有毒，需注意操作安全。

5.3.7 铸铁注塑模具修复

① 铍青铜模具修补采用Casto TIG224或250焊丝。

② 采用直流脉冲焊接。

③ 分段施焊，每道焊道长12~25mm。

④ 焊后立即锤击焊缝。

⑤ 母材温度控制在60℃以内。

各塑料模具修复如图5-3~图5-8所示

图5-3　塑料模具修复

图5-4　电视机外壳注塑模具焊接修复

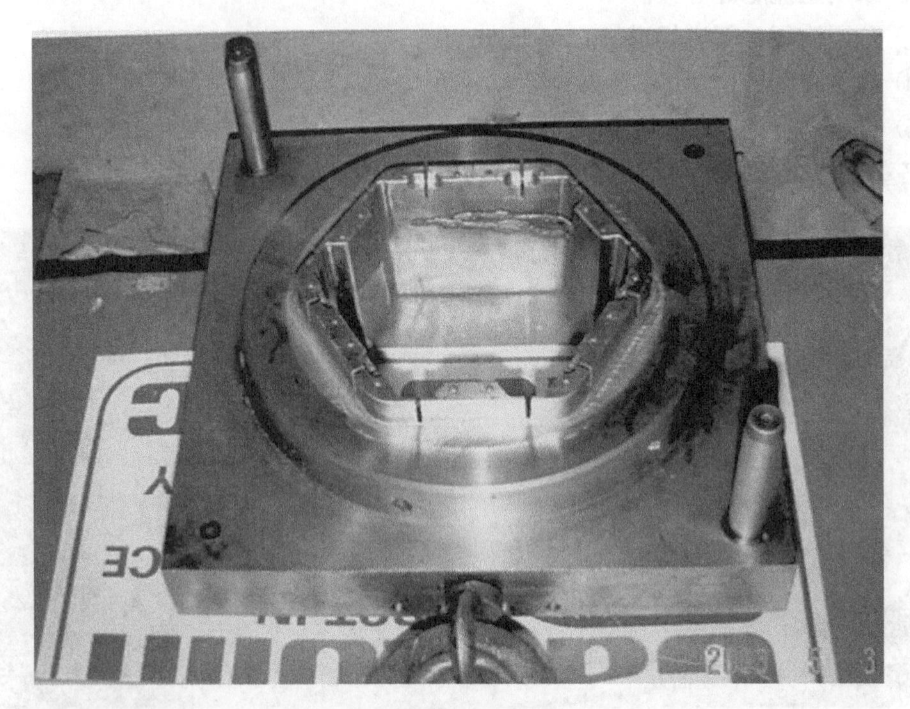

图5-5　塑料模具的修复（一）

图5-6　塑料模具修复（二）

图5-7　光盘塑料模具修复

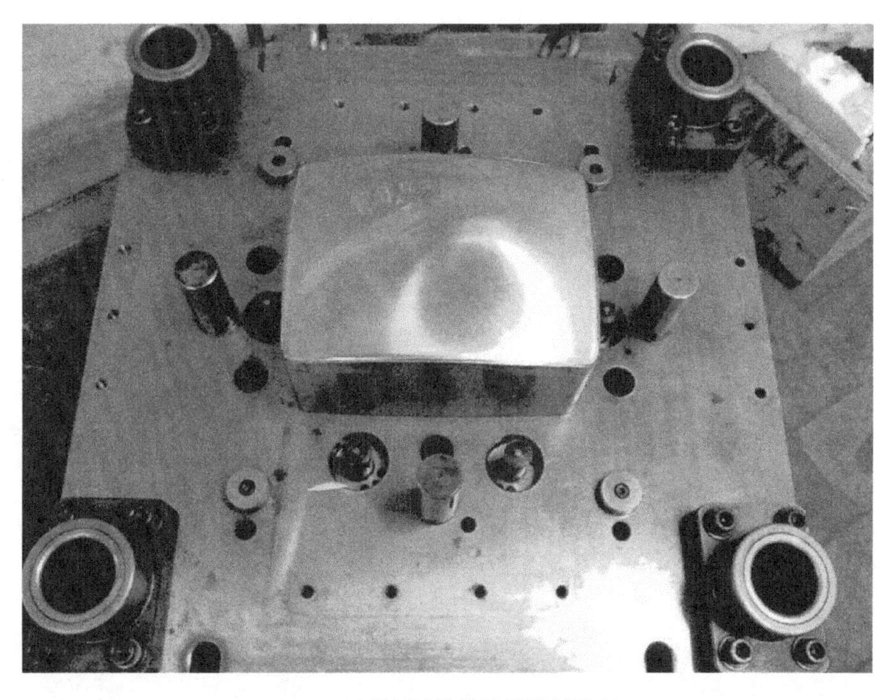

图5-8　彩色显像管阴罩模具修复

其他模具的修复和强化技术

6.1 玻璃模具的修复与强化

6.1.1 玻璃模具及玻璃模具使用材料

玻璃模具是玻璃制品成型的重要工具（图6-1），模具质量直接影响其使用寿命、玻璃制品的外观和生产成本。随着人民生活水平的不断提高，耐热玻璃餐具、微波炉玻璃盘、建筑玻璃砖、玻璃工艺品等高档玻璃制品大量进入人们的生活中。而我国汽车工业的飞速发展，又促使车灯玻璃的需求量急剧上升，给传统的玻璃工业提供了良好的发展机遇。在玻璃产量增大的同时，对玻璃制品质量的要求也越来越高，加上玻璃制品成型速度的不断提高，对模具材料提出了更高的要求。

图6-1　玻璃模具

（1）模具材料的性能要求

在玻璃制品的成型过程中，模具频繁地与1100℃以上的熔融玻璃接触，承受氧化、生长及热疲劳等作用。同时，模具的接触面由于与玻璃制品的摩擦而被磨损，这就要求模具材料具有良好的耐热、耐磨、耐腐蚀、抗热冲击、抗氧化、抗生长、抗热疲劳等性能，其中抗氧化性能是最重要的性能指标。此外，还要求模具材质致密、易于加工、导热性好、热膨胀系数小。

① 良好的抗氧化性能。铸铁在高温条件下工作时，通常会产生氧化和生长等。铸铁的生长是指铸铁在高温下发生的由于化学冶金变化而产生的体积或尺寸的增大，而在冷却后仍然保留的不可逆膨胀，通常伴随着化学（如氧化）和冶金变化（如相变）。铸铁的生长过程取决于温度、组织和化学成分等。为了防止铸铁氧化生长，常常加入合金元素（如Cr、Mo、Ni、V、Sn等元素），以提高铸铁的抗氧化性能。铸铁中的石墨为碳质材料，它在高温氧化性气氛下会被氧化，石墨片越粗大、连续，石墨数量越多，氧化性气氛越易侵入铸铁内部，氧化也越严重。当石墨为球状、点状时，由于石墨互不连续，气体不易沿石墨侵入，铸铁氧化程度可大大减轻，抗氧化性能明显提高。

② 良好的导热性能。热导率是反映材料传热能力大小的物理量。在实际生产中，玻璃料滴入玻璃模具内腔的温度大约为1100℃，冷却到780℃以下从模具中取出。因此，模具温度应尽快降至780℃，以提高生产效率，适应成型速度的要求，因此模具的散热能力是非常重要的。

③ 良好的抗热疲劳性能。抗热疲劳性能是指在交变温度条件下，材料抵抗产生裂纹及变形的能力。在生产中，玻璃模具的温度交替变化，热疲劳是模具的主要失效形式，提高热疲劳抗力能大幅度提高模具寿命。抗热疲劳性能受到多种因素的影响，如材料的导热性、塑性、强度，以及模具的加热速度、冷却速度、加热温度、温度循环间隔等。模具材料的基体组织不同，抵抗热疲劳裂纹萌生和扩展的能力也不同。石墨的形态、数量及分布状况直接影响铸铁的基体强度、热传导能力、抗氧化能力、热膨胀系数、弹性模量等，从而影响热疲劳裂纹的萌生与扩展，其中石墨的形态是最重要的影响因素。

④ 材质致密、硬度适当、加工性能好。在模具生产中，材料的可铸性和加工性能是两个基本性能。此外许多因素都影响了材料的性能，如共晶碳化物的存在等。其中，可焊性就是很重要的一种性能，它是衡量模具的修复能力的指标。

（2）常用玻璃模具材料

国外的玻璃模具材料主要有耐热铸铁、不锈钢和耐热合金钢，加工后再经表面强化处理，模具寿命可高达40万~50万次。国内普遍采用灰铸铁，使用寿命一般为7万~12万次，与国外差距较大。近年来，我国研制了多种新型玻璃模具材料，模具寿命普遍提高。

① 普通低合金铸铁。铸铁广泛用作模具材料始于19世纪，铸铁具有优良的铸造性能、良好的加工性、成本低、热而不粘的性能，目前国内外普遍采用铸铁作为玻璃模具材料，其中，合金铸铁在可预见的未来仍然是主要玻璃模具材料。铸铁是碳、硅、锰等元素组成的铁合金，可看作是由石墨和基体组织组成。由于石墨以缩减和切割两种作用存在于铸铁中，因此铸铁的性能主要取决于石墨的数量、大小、形状、分布等。用于制造玻璃模具的合金铸铁主要有Cu-Cr灰铸铁、Cr-Mo-Cu灰铸铁、低Sn灰铸铁、V-Ti灰铸铁等。

② 球墨铸铁。与灰铸铁相比，球墨铸铁中的石墨为球状，这种形状提高了材料

的致密性，减小了石墨对基体的切割作用，而且由于孕育作用，球墨铸铁的晶粒度比灰铸铁小，因此球墨铸铁的综合性能得到了提高。球墨铸铁虽然具有较高的强度和韧性，并有良好的抗氧化性能，其抗热疲劳性能也优于其他铸铁，但由于铸铁中的石墨呈孤立的球状，导热性较差，使玻璃制品在模腔中不能快速冷却，从而限制了成型速度的提高，不能适应机械化生产的要求，也限制了其在玻璃模具中的应用，因此只能用于制造小型玻璃模具。

③ 蠕墨铸铁。蠕墨铸铁集合了球墨铸铁与灰铸铁的优点，它的力学性能与球墨铸铁相近，具有较高的导热性、抗氧化性和抗生长能力，它还具有像灰铸铁那样良好的铸造性能和机械加工性能，因此蠕墨铸铁具有良好的综合性能，常用于制造玻璃模具材料。另外，蠕墨铸铁朝着合金化方面也得到了快速发展，如采用V-Ti合金、Cr-Mo合金制造蠕墨铸铁。

④ SMRI-86型合金铸铁。SMRI-86型合金铸铁经1320~1340℃浇注成型，铸态硬度为240~250HBS，经660℃×8h时效处理，硬度达到204~216HBS。SMRI-86型合金铸铁的抗氧化性、抗生长及抗热疲劳性能均优于灰铸铁，使用寿命比灰铸铁高1~2倍。

⑤ 合金钢。由于对玻璃制品的质量要求越来越高，近年来开始采用合金钢制模，合金钢在大多数情况下比铸铁能更好地满足对玻璃模具提出的性能要求。钢的导热性次于铸铁，使用时易出现过热，产生黏附现象。因此必须采用强制冷却、合理设计模具结构、用硅酮脂润滑等方法。玻璃模具要承受很大的压力和很高的温度，因此要求模具材料的强度高、热变形小、耐热性好，通常采用耐热合金钢，如3Cr2W8、5CrNiMo和1Crl7Ni2MoVRe等，在实际生产应用中取得了良好的经济效益和社会效益。不锈钢是一种耐腐蚀、强度高、耐氧化及韧性好的材料，热膨胀小，英国很早就用于制造冲头、衬模等，美国用AISl430和AISl310等不锈钢制造玻璃成型模具。国内开发了代号为GY的高温玻璃模具钢。该钢是Si-Gr-Mo系预硬钢，具有良好的冷热疲劳性能，优异的抗氧化性能和较高的玻璃粘附温度。该钢的预硬硬度在HRC35左右，加工性能良好，尤其适用于制造玻璃熔化或成型温度较高、表面质量要求高的玻璃成型模具。

⑥ 镍基合金。这类合金的耐热性比铸铁好，所以用它制作的模具表面裂纹少、寿命长、生产率高，并能提高玻璃制品的光洁度，但这类材料的价格高。为了提高玻璃制品的表面光洁度或延长模具的使用寿命，仍然使用这类材料制模，如用Monel-K500镍基合金制作冲头。镍基合金的热导率约为铸铁的一半，主要优点是模具可以铸造成型，无须机械加工。

⑦ 铜基合金。主要是铝青铜，适当加入镍、铬、锌等元素，主要用于高质、高速成型模具。铜基合金的导热性很好，高速成型时仍能保证玻璃制品的质量，因此颇受人们的重视。铜基合金主要有两类：一类含有Cu、Ai、Zn和Ni，这类合金对提高表面光洁度最有效。这类合金的抗氧化性、导热性、热稳定性和热塑性都很好，显著改善了成型时的操作条件，这种模具的失效原因主要是机械损伤、无热裂和氧化裂纹。另一类含Cu、Ai、Ni和Co，不含Zn，与铸铁相比，可使成型速度提高15%~

25%，模具的工作面寿命也会延长3倍左右，模具易于修复，制品质量好，常用于制作显像管模具、冲头和口模等。

⑧ 耐热合金。耐热合金主要有3G13、4G13等，一般尽量选用含镍量较低的合金，避免导热性太差，主要用于压制模具。

6.1.2 玻璃模具的失效形式与强化

（1）玻璃模具的失效形式

由于长期服役在高温、高压、高应力、磨损、疲劳和腐蚀的工况条件下，玻璃模具不可避免地会产生失效。玻璃模具的失效主要表现在尺寸、形状和功能等方面，其基本的失效形式为表面磨损、断裂和变形。

（2）玻璃模具的强化

在模具上使用的表面技术方法多达几十种，主要可以归纳为物理表面处理法、化学表面处理法和表面覆层处理法。物理表面处理法即对材料进行表面强化处理，以使模具整个或部分表面获得较高的力学性能和物理性能，如硬度、耐磨性、耐疲劳性能以及耐蚀性能等，而心部或其他部分仍具有良好的综合性能。化学表面处理法是将模具置于一定温度的活性介质中保温，使一种或几种元素渗入模具表面，改变模具表面的化学成分和组织，达到改进表面性能和满足技术要求。表面覆层处理就是通过一定的工艺方法，在模具工作面上沉积薄层金属或合金，以达到提高模具表面性能的效果。限于目前玻璃模具常用的材料为铸铁材料，因此常用的玻璃模具表面处理工艺为表面覆层处理。

常用的表面覆层工艺有表面镀层、热喷涂、气相沉积、离子注入等。电镀和化学镀是模具表面处理技术中的传统技术，由于电镀操作温度低，模具发生变形较小，镀层的摩擦因数低，可以大大提高模具的耐磨性，但是由于对环境的影响较大，因此在应用方面受到了很大的限制。刷镀工艺简单，沉积速度快，操作方便，镀层质量和性能较好，易于现场操作，不受模具大小和形状的限制，用在报废模具和大模具的修复上经济效益明显。在生产中主要应用等离子喷涂和高速火焰喷涂，在模具上采用热喷涂金属陶瓷涂层并对其表面进行强化，可提高其硬度、抗黏着、抗冲击、耐磨和抗冷热疲劳等，如作为初型模的冲头材料，在常用不锈钢材料表面喷涂30~50μm厚的WC-Co涂层后，寿命可以得到明显提高，而且制品质量也得到改善。目前，表面处理技术已经大量应用于模具的表面处理上，在提高模具寿命和制品质量上已有了显著的进步和巨大的经济效益，但是先进表面技术的应用和发展与国外相比还有一定的差距，充分应用表面处理技术是提高模具寿命的一种重要手段，也是发展现代模具的必经之路。模具表面强化玻璃模具的模腔温度可达600~800℃，模具的合模面容易发生变形，使玻璃制品的合缝线粗大，因此，模具的合缝线部位需要进行强化。主要强化方法有火焰加热表面淬火、激光加热表面淬火、等离子喷涂和热喷涂等。热喷涂就是在模具表面喷焊一层镍铬合金粉末，形成具有特殊性能的表面复合材料层，以提高接触表面的高温耐磨性、耐高温、抗氧化性能，既可充分发挥铸铁的导热性，又能克服铸铁抗高温氧化及抗机械磨损能力差的弱点，这样就可以在不改变工件整体性能的基础上，使模具的寿命大幅度提高。用灰铸铁制造的玻璃模具，热喷涂镍基自熔合金，可使模具寿命提高5倍以上。观察窗玻璃模具修复工艺见图6-2，火焰喷焊强化玻璃模具工艺见图6-3。

图6-2　观察窗玻璃模具修复

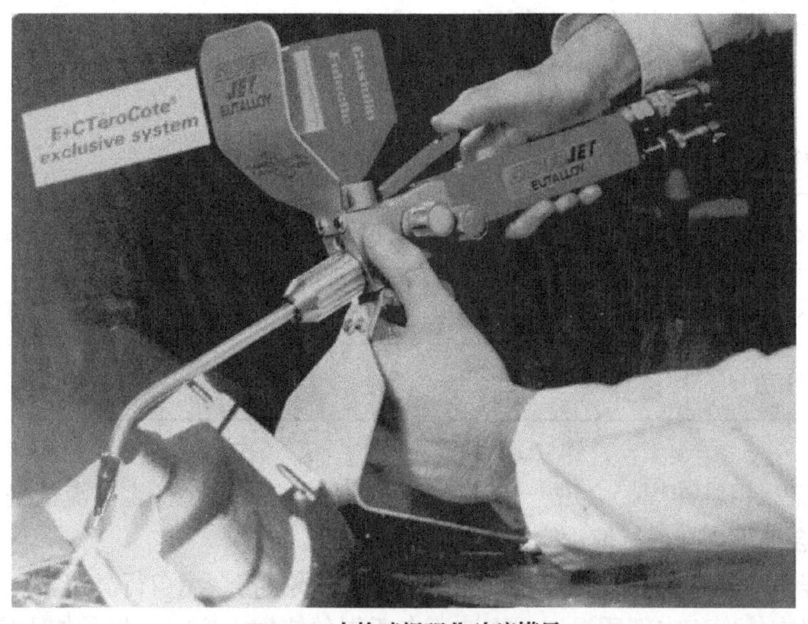

图6-3　火焰喷焊强化玻璃模具

6.2 简易模具（锌合金模具）的修复与强化

6.2.1 锌合金模具用途

金属锌熔点低，液态流动性好，是常用铸造材料。锌合金制造模具主要应用在以下三个方面。

① 新型汽车试造和小批量车型汽车覆盖件模具制造。模具制造成本低，速度快，可迅速拿出样本。锌合金可反复使用，模型修改极为便利，这是国外汽车厂家通用的方式。

② 飞机蒙皮冲压模具制造。飞机生产数量有限，锌合金模具铸造快速，成本较低，成为常用方法之一。

③ 轻工业、制鞋模具制造。

6.2.2 锌合金模具修复工艺

锌合金焊接工艺特点如下。

① 锌合金熔点412℃。

② 锌沸点516℃（它与熔点接近）。

③ 焊接过程中，锌蒸气迅速氧化成白色氧化锌粉末，烟尘很大。

④ 锌合金焊接需要微小电流，见表6-1。

表6-1 锌合金焊接工艺参数

电源输出种类	初始电流	焊接电流	收弧电流	合金种类
直流钨极氩弧焊	5	10~15	5	不含铝锌合金
交流钨极氩弧焊	10	20	10	含铝锌合金

锌合金采用脉冲焊接会进一步降低氧化烟尘。焊机最小稳定电流值是有差别的，太小电弧会熄灭。基值峰值占比50%，频率1~2Hz。

⑤ 锌合金焊丝供货极少，一般采用与基材同成分锌合金自行浇铸。

⑥ 焊肉外形和内部质量主要取决于左手焊丝的加入模式，焊丝加入应间断划过

熔池，一方面起搅动作用，另一方面可把表面氧化膜拨至熔池外边缘。

⑦ 锌合金与大多数有色金属相似，液态与固态转变过程中，没有中间半熔化状态（例如铁基合金）。如焊接汽车门把手类的小零件时，应设计专用夹具固定工件，并承托焊肉背面，以免引起小零件垮塌变形。

⑧ 锌合金焊接时产生氧化锌，粉尘大，此时可适量升高氩气流量。

⑨ 停焊后，应清理瓷嘴内壁氧化锌粉末堆积。

6.2.3 焊后修复

锌合金硬度低，适合采用粗齿的模具硬质合金铣头铣削。修复前，应准备整修处外形样板，比照样板来整形面。

模具修复的质量检验

7.1 宏观检测

宏观检测是用肉眼或低倍放大镜（10倍以下）观察金属内部组织结构及缺陷，以控制金属或合金材料和成品质量的方法。其研究对象包括金属结晶的形状、大小和排列、气泡、夹杂、空隙、疏松、偏析、流线、裂纹以及其他组织特征。常用的宏观分析方法有浸蚀法、印画法、塔形车削发纹试验法及CCD单列阵扫描法等。由于合金的不均匀性，仅用化学分析、力学性能试验和显微组织检验所得数据，往往难以代表整个材料的性状，而宏观检测则因其观察面较大且较直观，可了解金属或合金结构的整体情况，便于对比研究生产工艺改变时所造成的材料内部质量的差异，因此广泛用于判断冶炼、特性加工或焊接过程是否正常，在工厂和科研部门也是检查热处理质量和分析机械有零件早期失效原因的重要试验研究手段。有时通过宏观分析还可推知材料和构件的制造历史，特别是加工成型的方法。对于不同的检验或研究目的，采用的宏观分析方法有所不同。此外，由于合金的宏观组织和缺陷取决于冶炼及加工方法，为了对试验结果做出正确的判断，必须很好地了解生产过程和取样部位。

（1）浸蚀法

浸蚀法是指用酸或其他试剂对经过磨光法油污的金属试样截面进行深腐蚀以显露其宏观组织的方法。通常取横截面，有特殊要求时取纵截面。因为金属与合金中的不均匀性和缺陷受试剂浸蚀的速度与程度不同，会呈现深浅不一的颜色，甚至孔穴，可与相应的标准图片相比较评定级别。碳钢、合金钢及一般不锈钢、耐热钢，常用65~85℃的50%盐酸浸蚀，酸浸时间视钢种、酸液浓度和检验目的而异。断面较大的碳素钢、合金钢件或钢锭不便于用酸浸蚀时，可用10~20℃过硫酸铵水溶液在常温下浸泡，并用毛刷反复刷净表面的浸蚀物，随即用热碱水中和，或直接用热水冲洗干净和吹干。有色金属的浸蚀与钢基本相同，有的试剂必须加热，有的则是在常温下对合金表面擦拭一定时间即可显示出组织和缺陷。

（2）印画法

目前，已有多种特殊印画的方法来记录深腐蚀的宏观组织、氧化物和硫化物夹杂以及磷或铅的分布等。试样制备与酸蚀法相同，但光洁度要求稍高。印画法主要有硫印、氧印、磷印和铅印。

（3）塔形车削发纹试验

塔形车削发纹试验是将被检测材料车削成规定的阶梯形试样，然后用肉眼检查其表面发纹长度及条数的试验方法。发纹是钢的宏观缺陷之一，是非金属夹杂物、针孔或气泡等在热加工中伸长而产生的细小裂纹，对钢的动力学性能，特别是疲劳强度影响极大。用于制造重要机件的钢材，对发纹的数量、尺寸和分布都有严格的限制。

（4）CCD单列阵扫描法

CCD单列阵扫描法原理：它是由一列CCD 阵列传感器、图像卡、切换器、一维扫描机构、步进电动机和计算机组成。采集开始时，先将输入的图像成像在CCD摄像机阵列上，计算机通过端口地址译码器向切换器发送命令，切换器依次使CCD 阵列的每一个CCD与图像卡接通，并将每个CCD 采集到的图像依次送入图像卡，从而完成一次CCD 阵列方向上的扫描。由于此过程不需要步进电动机移动CCD，故扫描速度得到了很大的提高。随后，控制系统发出信号启动步进电动机，带动CCD阵列移动到下一采样行的位置。当到位以后，行程开关发出信号，使CCD又进行一次列方向的依次电扫描转换。重复上述过程，采集第二行图像数据，直到整个模具表面图像输入完毕。最后，控制系统发出信号启动步进电动机反向旋转，带动CCD阵列回到扫描初始位置。CCD单列阵扫描法检验速度快、精度高，能检查到小于0.05mm的缺陷。采集到的图像中的灰度值与模具对入射光的反射情况有关，当模具表面的缺陷处是有一定的凸起和凹陷或是表面粗糙度不同时，由于这些缺陷对入射光的反射程度不同，采集到的图像的灰度值的差异就能反映出缺陷的情况。模具表面很规则（即无缺陷）时，采集到的应是一幅灰度变化缓慢的图像。模具表面有划痕时，划痕处由于反射光比较强烈，所以会出现亮条纹，被称为亮缺陷；模具表面有砂眼时，光射入砂眼会使反射光变弱，出现暗斑，被称为暗缺陷。

7.2 无损检测

无损检测，也叫无损探伤，是在不损害或不影响被检测对象使用性能的前提下，采用射线、超声、红外、电磁等技术并结合仪器对材料、零件、设备进行缺陷、化学、物理参数检测的技术。常用的无损检测方法包括射线照相检验（RT）、超声波检测（UT）、磁粉检测（MT）、液体渗透检测（PT）、涡流检测（ECT）五种。其他无损检测方法包括目视检测、声发射检测（AE）、热像/红外（TIR）、泄漏试验（LT）、交流场测量技术（ACFMT）、漏磁检验（MFL）、远场测试检测方法（RFT）、超声波衍射时差法（TOFD）等。无损检测方法很多，据美国国家宇航局调研分析，无损检测方法可分为六大类约70余种，但在实际应用中比较常见的有以下几种。

（1）目视检测（VT）

目视检测，在国内实施的比较少，但在国际上是非常受重视的无损检测第一阶段的首要方法。按照国际惯例，要先做目视检测，以确认不会影响后面的检验，再接着做四大常规检验。例如BINDT的PCN认证，就有专门的VT1、VT2、VT3级考核，更有专门的持证要求。VT常常用于目视检查焊缝，焊缝本身有工艺评定标准，都是可以通过目测和直接测量尺寸来做初步检验，发现咬边等不合格的外观缺陷，就要先打磨或者修整，之后才做其他深入的仪器检测。例如，在焊接件表面和铸件表面，VT做得比较多，而在锻件上应用就很少，但其检查标准是基本相同的。

（2）射线照相检验（RT）

射线照相检验法是指用X射线或γ射线穿透试件，以胶片作为记录信息的器材的无损检测方法，该方法是最基本的、应用最广泛的一种非破坏性检验方法。射线能穿透肉眼无法穿透的物质使胶片感光，当X射线或γ射线照射胶片时，与普通光线一样，能使胶片乳剂层中的卤化银产生潜影，由于不同密度的物质对射线的吸收系数不同，照射到胶片各处的射线强度也就会产生差异，便可根据暗室处理后的底片各处黑度差来判别缺陷。X射线探伤是利用X射线在金属与非金属夹杂物或空气中被吸收程度不同的原理进行的无损探伤。当射线透过被检测物体时，有缺陷部位与无缺陷部位对射线的吸引能力不同，利用通过工件后的射线强度的差异来判断工件的缺陷，可检测100mm以下厚度的钢板内的缺陷。通常用照相法，即用感光胶片来保留有缺陷的部位和程度，可检测材料中气孔、夹渣、未焊透和裂纹等缺陷。γ射线探伤是由放射性同位素的原子核衰变过程产生的γ射线探伤的无损检测方法。它具有轻便、不用电能、经济、穿透能力强（可检测300mm厚度的钢板）以及放射源可伸入窄小部位透照等特点，可检测材料中气孔、夹渣、未焊透和裂纹等缺陷。总的来说，RT的定性更准确，它具有可供长期保存的直观图像的优点，但也有总体成本相对较高，而且射线对人体有害，检验速度会较慢等缺点。

（3）超声波检测（UT）

超声波检测是用超声波进行探伤的一种无损检测方法，又称超声波探伤。它是利用超声波传播能量大、方向性好的特性及在不同介质的界面上具有反射的能力，来探测被检测件内部缺陷的。超声波是指频率高于20000Hz的声波。它的主要特征是：波长短，近似作直线传播，在固体和液体内衰减比电磁波小，其传播特性与介质的性质密切相关；能量集中强度高，能产生激震波和空化作用，产生机械、热、光、电、化学和生物等各种效应。超声波检测适应性强、检测灵敏度高、对人体无害、使用灵活、设备轻巧、成本低廉、可及时得到探伤结果，适合在车间、野外和水下等环境下工作，并能对正在运行的装置和设备进行检测和诊断。超声波还适用于金属、非金属和复合材料等多种试件的无损检测，可对较大厚度范围内的试件内部缺陷进行检测。例如，对金属材料，可检测厚度为1~2mm的薄壁管材和板材，也可检测几米长的钢锻件；缺陷定位较准确，对面积型缺陷的检出率较高；灵敏度高，可检测试件内部尺寸很小的缺陷；检测成本低、速度快，设备轻便，对人体及环境无害，现场使用较方便。但对具有复杂形状或不规则外形的试件进行超声波检测有困难；并且缺陷的位置、取向和形状以及材质和晶粒度都对检测结果有一定影响，检测结果也无直接见证记录。

(4) 磁粉检测(MT)

铁磁性材料和工件被磁化后，由于存在不连续性，工件表面和近表面的磁力线发生局部畸变而产生漏磁场，吸附施加在工件表面的磁粉，形成在合适光照下目视可见的磁痕，从而显示出不连续性的位置、形状和大小。磁粉探伤适用于检测铁磁性材料表面和近表面尺寸很小、间隙极窄(如可检测出长0.1mm、宽为微米级的裂纹)、目视难以看出的磁痕；也可对原材料、半成品、成品工件和在役的零部件进行检测，还可对板材、型材、管材、棒材、焊接件、铸钢件及锻钢件进行检测，可发现裂纹、夹杂、发纹、白点、折叠、冷隔和疏松等缺陷。但磁粉检测不能检测奥氏体不锈钢材料和用奥氏体不锈钢焊条焊接的焊缝，也不能检测铜、铝、镁、钛等非磁性材料。对于表面浅的划伤、埋藏较深的孔洞和与工件表面夹角小于20°的分层和折叠难以发现。

(5) 液体渗透检测(PT)

零件表面被施涂含有荧光染料或着色染料的渗透剂后，在毛细管作用下，经过一段时间，渗透液可以渗透进表面开口缺陷中，经去除零件表面多余的渗透液后，再在零件表面施涂显像剂，同样，在毛细管的作用下，显像剂将吸引缺陷中保留的渗透液，渗透液回渗到显像剂中，在一定的光源下(紫外线光或白光)，缺陷处的渗透液痕迹被显示(黄绿色荧光或鲜艳红色)，从而探测出缺陷的形貌及分布状态。渗透检测可检测各种材料，如金属、非金属材料，磁性、非磁性材料，以及采用焊接、锻造、轧制等加工方式的材料。它的优点是具有较高的灵敏度(可发现0.1μm宽缺陷)，同时显示直观、操作方便、检测费用低。但它还有只能检出表面开口的缺陷，不适于检查多孔性疏松材料制成的工件和表面粗糙的工件；只能检出缺陷的表面分布，难以确定缺陷的实际深度，因而很难对缺陷做出定量评价，检出结果受操作者的影响也较大等缺点。

(6) 涡流检测(ECT)

涡流检测原理：将通有交流电的线圈置于待测的金属板上或套在待测的金属管外，这时线圈内及其附近将产生交变磁场，使试件中产生呈旋涡状的感应交变电流，称为涡流。涡流的分布和大小，除与线圈的形状和尺寸、交流电流的大小和频率等有关外，还取决于试件的电导率、磁导率、形状和尺寸、与线圈的距离以及表面有无裂纹缺陷等。因而，在保持其他因素相对不变的条件下，用一探测线圈测量涡流所引起的磁场变化，可推知试件中涡流的大小和相位变化，进而获得有关电导率、缺陷、材质状况和其他物理量(如形状、尺寸等)的变化或缺陷存在等信息。但由于涡流是交变电流，具有集肤效应，所检测到的信息仅能反映试件表面或近表面处的情况。按试件的形状和检测目的的不同，可采用不同形式的线圈，通常有穿过式、探头式和插入式线圈3种。穿过式线圈用来检测管材、棒材和线材，它的内径略大于被检物件，使用时使被检物体以一定的速度在线圈内通过，可发现裂纹、夹杂、凹坑等缺陷。探头式线圈适用于对试件进行局部探测。应用时线圈置于金属板、管或其他零件上，可检查飞机起落撑杆内筒上和涡轮发动机叶片上的疲劳裂纹等。插入式线圈也称内部探头，放在管子或零件的孔内用来作内壁检测，可用于检查各种管道内壁的腐蚀程度等。为了提高检测灵敏度，探头式和插入式线圈大多装有磁芯。涡流法主要用于生产线上的金属管、棒、线的快速检测以及大批量零件如轴承钢球、气门等的探伤（这时除涡流仪器外，还必须配备自动装卸和传送的机械装置）、材质分选和硬度测量，也可用来测量镀层和涂膜的厚度。涡流检测时，线圈不需与被测物直接接触，可进行高速检测，易于实现自动化，但不适用于形状复杂的零件，而且只能检测导电材料的表面和近表面缺陷，检测结果也易于受材料本身及其他因素的干扰。

（7）声发射检测（AE）

声发射检测是通过接收和分析材料的声发射信号来评定材料性能或结构完整性的无损检测方法。材料中因裂缝扩展、塑性变形或相变等引起应变能快速释放而产生的应力波现象称为声发射。声发射技术的应用比较广泛，可以用声发射鉴定不同范性形变的类型，研究断裂过程，区分断裂方式，检测出小于 0.01mm 长的裂纹扩展，研究应力腐蚀断裂和氢脆，检测马氏体相变，评价表面化学热处理渗层的脆性，以及监视焊后裂纹的产生和扩展等。在工业生产中，声发射技术已用于压力容器、锅炉、管道和火箭发动机壳体等大型构件的水压检验，评定缺陷的危险性等级，作出实时报警。在生产过程中，用PXWAE声发射技术可以连续监视高压容器、核反应堆容器和海底采油装置等构件的完整性。声发射技术还应用于测量固体火箭发动机火药的燃烧速度和研究燃烧过程，检测渗漏，研究岩石的断裂，监视矿井的崩塌，并预报矿井的安全性。

（8）超声波衍射时差法（TOFD）

TOFD技术于20世纪70年代由英国哈威尔的国家无损检测中心Silk博士首先提出，其原理源于Silk博士对裂纹尖端衍射信号的研究。在同一时期，中国科学院也检测出了裂纹尖端衍射信号，发展出一套裂纹测高的工艺方法，但并未发展出如今通用的TOFD检测技术。TOFD技术首先是一种检测方法，但能满足这种检测方法要求的仪器却迟迟未能问世。TOFD要求探头接收微弱的衍射波时达到足够的信噪比，仪器可全程记录A扫波形，形成D扫描图谱，并且可用解三角形的方法将A扫时间值换算成深度值。而同一时期工业探伤的技术水平却达不到这些技术要求。直到20世纪90年代，计算机技术的发展使得数字化超声探伤仪发展成熟后，研制便携、成本可接受的TOFD检测仪才成为可能。即便如此，TOFD仪器与普通A超仪器之间还是存在很大的技术差别，它是一种依靠从待检试件内部结构（主要是指缺陷）的“端角”和“端点”处得到的衍射能量来检测缺陷的方法，用于缺陷的检测、定量和定位。

7.3 硬度检测

硬度是衡量材料软硬程度的一种力学性能，表达了材料表面抵抗变形或破裂的能力，硬度试验方法一般可分为静态法和动态法两种。静态测试中均采用一个压头压入被测工件，并留下永久性压痕作为计算数值的依据，静态测试方法通常包括布氏硬度(HB)、洛氏硬度（HR）和维氏硬度（HV）等；动态测试是以一个硬质压头加速落到被测试样上的反弹高度来计算硬度值，通常包括肖氏硬度实验、里氏硬度试验等。金属硬度试验是一种最简单和最容易实施的力学性能测试方法，金属锻件、工件的热处理检查、修补检查与最合理机械加工工序的确定，均可通过硬度测试来实现。

（1）布氏硬度

布氏硬度试验原理：用一定大小的载荷 F(kgf)，把直径为D(mm）的淬火钢球或硬质合金球压入试样表面，保持规定时间后卸除载荷，测量试样表面的残留压痕直径d，求压痕的表面积S。将单位压痕面积承受的平均压力（F/S）定义为布氏硬度，用符号HB表示，HB值越高，表示材料越硬。布氏硬度值的表示方法：一般记为“数字+硬度符号（HBS或HBW)+数字/数字/数字”的形式，符号前面的数字为硬度值，符号后面的数字依次表示钢球直径、载荷大小及载荷保持时间等试验条件。例如，当用10mm淬火钢球，在3000kgf（29400N）载荷作用下保持30s时测得的硬度值为280，则记为280HBS10/3000/30。由于材料有软有硬，工件有薄有厚，如果只采用一种标准载荷和钢球直径D，就会出现对硬的材料合适，而对软的材料发生钢珠大部分陷入材料内的现象。若出现对厚的材料合适，而对薄的材料发生压透的现象，则在生产实际中进行布氏硬度检验时，需使用大小不同的载荷和压头直径。布氏硬度试验的优点是压痕面积较大，因此其硬度值能反映材料在较大区域内各组成相的平均性能，最适合测定灰铸铁、轴承合金等材料的硬度；压痕大的另一优点是试验数据稳定，重复性高。但是因压痕直径较大，一般不宜在成品件上直接进行检验。此外，对硬度不同的材料需要更换压头直径D和载荷F，同时压痕直径的测量也比较麻烦。

（2）洛氏硬度

洛氏硬度试验原理：在初始试验力及总试验力先后作用下，将压头（淬火钢球或金刚石圆锥 ）压入试样表面，经规定保持时间后卸除主试验力，用测量的残余压痕深度增量计算硬度值。为了能用一种硬度计测定不同软硬材料的硬度，常采用不同的压头与总载荷组合成几种不同的洛氏硬度标尺。每一种标尺用一个字母在洛氏硬度符号HR后注明，常用的有HRA、HRB及HRC三种。洛氏硬度试验的优点是操作简便迅速、压痕小，可对工件直接进行检验，采用不同标尺，可测定各种软硬不同和薄厚不一试样的硬度，但是压痕较小，代表性差，尤其是材料中的偏析及组织不均匀等情况，使所测硬度值的重复性差、分散度大，用不同标尺测得的硬度值既不能直接进行比较，又不能彼此互换。此外，由于洛氏硬度试验所用载荷较大，不宜用来测定极薄工件或经各种表面处理后工件的表面层硬度。

（3）维氏硬度与显微硬度

维氏硬度的试验原理与布氏硬度基本相似，也是根据压痕单位面积所承受的载荷来计算硬度值的。不同的是，维氏硬度试验所用的压头是两相对面夹角为136°的金刚石四棱锥体。试验时，在载荷的作用下，试样表面被压出一个四方锥形压痕，测量压痕的对角线长度，取其平均值d，计算压痕的表面积S，则F/S即为试样的硬度值，用符号HV表示。维氏硬度值的表示方法为“数字+HV+数字/数字”，HV前面的数字表示硬度值，HV后面的数字表示试验所用载荷和载荷持续时间。例如，640HV30/20表明在30kgf（294N）载荷作用下，持续20s测得的维氏硬度为640。维氏硬度试验的载荷共有六种，根据硬化层深度、材料的厚度和预期的硬度，尽可能选用较大载荷，以减少测量压痕对角线长度的误差。当测定薄件或表面硬化层硬度时，所选择的载荷应保证试验层厚度大于1.5d。显微维氏硬度的试验原理与维氏硬度一样，不同的是，负荷以gf 计量，压痕对角线长度以μm计量，主要用来测定各种组成相的硬度以及研究金属化学成分、组织状态和与性能的关系。显微维氏硬度符号仍用HV 表示。显微硬度试验一般使用的负荷较小，压痕微小，试样必须制成金相样品，在磨制与抛光试样时应注意不能产生较厚的金属扰乱层和表面形变硬化层，以免影响试验结果。在可能范围内，尽量选用较大的负荷，以减少因磨制试样时所产生的表面硬化层的影响，从而提高测量的精确度。维氏硬度试验由于角锥压痕清晰，采用对角线长度计量，精确可靠，压头为四棱锥体，当载荷改变时，压入角恒定不变，因此可以任意选择载荷，而不存在布氏硬度那种载荷F与压球直径D之间的关系约束。此外，维氏硬度也不存在洛氏硬度那种不同标尺的和硬度无法统一的问题，而且比洛氏硬度所测试件厚度更薄。维氏硬度试验的缺点是其测定方法较麻烦，工作效率低，压痕面积小，代表性差，所以不宜用于成批生产的常规检验。

（4）肖氏硬度试验

肖氏硬度试验是一种动载试验法，其原理是将具有一定质量的标准重锤从一定高度落下，以一定的动能冲击试样表面，使其产生弹性变形与塑性变形，其中一部分冲击能转变为塑性变形功被试样吸收，另一部分以弹性变形功形式储存在试样中。当弹性变形回复时，能量被释放，使重锤回跳至一定高度，根据重锤回跳的高度来表征材料硬度值的大小。材料的屈服强度越高，塑性变形越小，则存储的弹性能越高，重锤跳得也越高，表明材料越硬。肖氏硬度计一般为手提式，使用方便，便于携带，可测量现场大型工件的硬度。其缺点是试验结果的准确性受人为因素影响较大，测量精度较低。

（5）硬度与其他力学性能的关系

金属材料的硬度值不是单纯的物理量，而是表示材料的弹性、塑性、形变强化率、强度和韧性等一系列不同物理量组合的一种综合性能指标。在一定条件下，某些材料的硬度与其他力学性能之间存在着一定关系，如硬度与抗拉强度之间存在近似的正比关系。

7.4 金相组织检测

金相组织检测是运用放大镜和显微镜对金属材料的微观组织进行观察研究的方法。光学金相分析技术、电子金相技术的应用，使我们可以观察到金属材料内部具有的各组成物的直观形貌，更深入地研究金属材料内部组织，目前新材料、新工艺、新产品的开发研究，产品质量检测及失效分析等都离不开金相检测。常规的金相试样制备是通过切割、研磨、抛光和浸蚀等步骤使金属材料成为具备金相观察所要求的过程。制备的样品必须具有清晰和真实的组织形貌，因此必须采取一系列措施以避免出现假象。如淬火试样在制备过程中表面产生局部过热而回火，或非淬火试样表面局部过热而淬火，都会使组织失真。由于抛光不当会造成夹杂物脱落，在试样表面上留下点坑或拖尾；抛光不当还可能使试样表面产生变形层而干扰组织的真实形貌。样品的选择是非常重要的，所选择的样品必须具有代表性，一般按研究内容或按检验标准的规定选取样品。

分析显微组织时，首先要知道合金的成分（尤其是主要成分），根据合金的成分（主要成分）在相图上找到平衡状态时具有的相，用杠杆或重心规则测算其相对量，作为判定的参数；其次要知道该合金的历史，即原料的纯度、冶炼方法、凝固过程、锻轧工艺以及热处理规程等；再次，要知道试样截取的部位、取样方法、磨面方向、试样制备及组织显示方法等；最后，在显微镜下观察时，先用低倍观察组织全貌，其次用高倍对某些细节进行仔细观察，根据需要，再选用特殊金相分析方法，先做相鉴定，再做定量测试。

显微组织分析包括定性与定量两方面：定性分析主要是鉴别显微组织的类型与特性，必须完成材料显微成分、结构与形貌的综合分析，即进行多种分析，如光学显微镜（包括偏振光、干涉、微分干涉、明暗视场、相衬、高低温状态、显微硬度等）分析、电子显微镜（包括电子相、波谱、能谱、衍射、动载等）分析、X射线衍射分析、俄歇能谱分析等。通过这些工作才能准确地判定这种组织的各种参量，进一步确定这种组织的结构和性质。定量分析包括对某种组织的点、线、面、体诸空间的测量和计算，实际上是把二维截面或实体在平面上投影的测量结果向有关显微组织的进行空间三维量的转换，现已发展成为定量体视金相学。理化检验方面的显微分析是对材料性能和使用有直接关系的显微组织以定量或半定量方法进行分析，实际上是应用体视学概念对材料的一些显微组织进行测量和评定，这些分析项目目前已纳入有关的产品标准。

7.5 化学成分检测

因材料的化学成分不同，其性能也不同，为了保证模具的使用寿命，修复硬化层的合金元素必须达到一定含量，通过化学成分分析可以确定材料的化学组成和存在形态。一般来说，化学分析主要分为定性化学分析、定量化学分析和相分析。

（1）定性化学分析

定性化学分析按操作方式的不同分为干法分析和湿法分析，金属固态材料常用干法分析技术，包括熔珠分析、焰色分析、原子发射光谱定性分析、X射线荧光光谱定性分析。

① 熔珠分析。是指将试样用硼砂或磷酸氢铵钠在铂丝环上烧成熔珠，利用不同金属的熔珠具有不同颜色的特征而进行鉴定的方法。

② 焰色分析。是指利用某些金属的盐类在火焰中灼烧时会呈现特征颜色而进行鉴定的方法。

③ 原子发射光谱定性分析。是指利用原子（或离子）在一定条件下受激而发射的特征光谱进行鉴定。最常用的是铁谱比较法，以铁光谱作为波长标尺，通过与它比较来确认试样中未知谱线的波长，进而估计被鉴定试样中组分的大致含量，即主量、中量、微量、痕量等。

④ X射线荧光光谱定性分析。是指利用原级X射线光子或其他微观粒子激发被鉴定试样中每个元素的原子，使之产生荧光（次级X射线），根据每个元素的X射线荧光的特征波长进行定性分析的方法。

（2）定量化学分析

定量化学分析按分析时所依据的原理不同，大体分为化学分析法、仪器分析法和相分析法。

① 化学分析法。是以物质的化学反应为基础的分析方法，主要有重量（称量）分析法和滴定分析法（包括酸碱滴定法、氧化还原滴定法、络合滴定法、沉淀滴定法）。

② 仪器分析法。是以物质的物理和物理化学性质为基础的分析方法。由于这类方法要使用较特殊的仪器，所以称为仪器分析法。它主要包括光学分析法、电化学分析法、核分析法、质谱分析法等。光学分析法是根据物质与电磁波的相互作用或者利

用物质的光学性质进行分析的方法。电化学分析法是根据被测物质的浓度与电位、电流、电导、电容或电量之间的关系进行分析的方法。该分析法是通过测定放射性或核现象进行分析的方法。质谱分析法是根据样品离子的质量与电荷比的关系进行分析的方法。

（3）相分析

相分析包括化学方法与物理方法两大类。化学方法通常选择不同溶剂使各种相得到选择性分离，再以化学或仪器分析法确定其组成或结构。物理方法常用磁选分析法、密度法、X射线衍射分析法、红外光谱法、光声光谱法等。

参考文献

[1] Johnson S. You Think You Know Your Molds? [J]. Plastics Technology, 2010.

[2] Johnson S. Creating a mold-repair plan-part III: The repair sheet is critical. Research Gate, 2008.

[3] Johnson S. The value of 20 bits of data. EBSCO, 2012.

[4] 郑滢滢. 模具的失效形式与修复 [J]. 模具制造, 2014.

[5] 李保健, 钟利萍. 国内模具材料发展及其应用 [J]. 新技术新工艺, 2012, 000 (004): 67-70.

[6] 潘金芝, 任瑞铭, 戚正风. 国内外模具钢发展现状 [J]. 金属热处理, 2008, 33 (008): 10-15.

[7] 崔崑. 国内外模具用钢发展概况 [J]. 金属热处理, 2007 (01): 1-11.

[8] 崔崑. 中国模具钢现状及发展 (Ⅰ) [J]. 机械工程材料, 2001.

[9] Johnson, Steven. The Eight Stages of Mold Repair. [J]. Plastics Technology, 2009.

[10] 喻红梅, 刘海琼, 周红梅, 等. 模具修复再制造技术研究应用现状 [J]. 电焊机, 2014, 44 (011): 150-153.

[11] 陈继民, Mr JF Morris. 模具修复实现模具成本的最低化 [C]. 中国国际锻造会议暨全国锻造企业厂长会议, 2007.

[12] 张健民. 修复工程学在模具修复、焊接方面的应用 [J]. 广东科技, 2007 (04): 73.

[13] Johnson S. Evaluating mold repair skills. Research Gate, 2007.

[14] 刘睿, 马向东. 模具修复相关技术比较 [C]. 全国模具失效分析及改性技术研讨会, 中国机械工程学会, 2008.

[15] 王哲, 黄力刚. 模具修复中的焊接技术 [J]. 装备制造技术, 2011 (07): 143-144.

[16] 任艳艳, 张国赏, 魏世忠, 等. 我国堆焊技术的发展及展望 [J]. 焊接技术, 2012, 41 (6): 1-4.

[17] 吴傲宗, 尹松森, 陈博. 双金属堆焊工艺在锻造模具修复中的应用 [J]. 金属加工 (热加工), 2014, 000 (010): 84-85.

[18] 杨军伟, 胡仲翔. 微脉冲MIG焊技术在修复工模具中的应用 [J]. 中国表面工程, 2002, 15 (1): 37-38.

[19] Lee J C, Kang H J, Chu W S, et al. Repair of Damaged Mold Surface by Cold-Spray Method [J]. CIRP Annals-Manufacturing Technology, 2007, 56 (1): 577-580.

[20] Harris R. No Gamble--Good Business Judgement [J]. Welding Design &Fabrication, 2006.

[21] 谢祖华. 模具的激光熔覆修复 [J]. 福建农机, 2014 (4) .

[22] 刘建华, 高瑞敏. 激光熔覆修复塑料模具缺陷初探 [J]. 漯河职业技术学院学报, 2012, 11 (005): 50-51.

[23] 马向东, 雷雨, 刘睿. 激光熔覆合金技术在模具修复中的应用 [J]. 润滑与密封, 2010, 035 (011): 98-101.

[24] 张津, 王东亚, 孙智富, 等. 模具表面复合电刷镀修复与强化 [J]. 武汉理工大学学报, 2008 (01): 21-23.

[25] 赵柏森. 冷作模具钢特性及焊接修复应用现状 [J]. 热加工工艺, 2013, 042 (017): 9-12.

[26] 郝松涛. 热作模具钢及压铸模具钢的发展和应用 [J]. 机械管理开发, 2003 (2): 58-59.

[27] 胡正前, 张文华, 马晋. H13模具钢表面处理和热疲-热熔损性能 [J]. 特殊钢, 1997 (05): 24-26.

[28] 谌峰, 王波. 热锻模具失效分析 [J]. 锻压装备与制造技术, 2007, 42 (6): 76-78.

[29] 张志明, 王长朋, 庞丹, 等. 高强度钢热挤压模的失效分析 [J]. 精密成形工程, 2013 (01): 12-15.

[30] 原彬, 李宝健, 吴伟杰. 浅谈压铸模具中的几种失效模式及成因 [J] . 河北农机, 2013, 03 (3): 53.

[31] 宁志良, 周彼德, 薛祥, 等. 压铸模具失效分析 [J]. 哈尔滨理工大学学报, 2001, 6 (5): 117-120.

[32] 谭成, 马党参, 王华昆, 等. H13钢压铸模具的失效分析 [J]. 机械工程材料, 2016, 40 (001): 106-110.

[33] 赖华清. 压铸模具的失效形式及提高其使用寿命的途径 [J]. 中国新技术新产品, 2009, 000 (005): 112-113.

[34] 邱训红. 压铸模具钢的选用浅析 [J]. 模具技术, 2014, 000 (001): 58-63.

[35] 胡心平, 戴挺, 吴炳尧. 压铸模具钢的选择与提高压铸模寿命的途径 [J]. 特种铸造及有色合金, 2003, 04 (4): 41.

[36] 赵建伟. 铝合金压铸模具龟裂失效分析 [J]. 中国金属通报, 2020, No.1012 (01): 108+110.

[37] 黄小鸥，汪瑞军，徐林. 电火花沉积金属陶瓷材料耐铝液热浸蚀研究 [J]. 焊接，2001，000（003）：22-24.
[38] 王建升. 电火花沉积工艺及沉积层性能的研究 [J]. 表面技术，2005，034（001）：27-30.
[39] 高玉新，赵程，易剑. 电火花沉积Ni-Cr合金涂层的组织及性能 [J]. 材料工程，2012，000（003）：74-78.
[40] 刘旭东. 堆焊在模具修复中的应用 [J]. 模具制造，2002（4）：52-53.
[41] 张智勇. 堆焊法在模具修复中的应用 [C]. 中国锻压协会锻压技术及设备展示会，中国锻压协会，2005.
[42] 刘元伟，亓翔，魏训青，等. 热作模具的堆焊修复技术 [J]. 精密成形工程，2016，8（003）：68-73.
[43] 邹仁平，王世江. 新型热作模具的光纤激光焊接工艺 [J]. 电焊机，2015，045（009）：103-106.
[44] 艾明平，来克娴. 5CrNiMo热锻模具堆焊修复工艺研究 [J]. 锻压技术，2009，34（004）：114-116.
[45] 周永泰. 我国塑料模具现状与发展趋势 [J]. 塑料，2000（6）：23-27.
[46] 管迎春，唐国翌，叶强. 镜面塑料模具失效表面的缺陷分析 [J]. 材料工程，2007（03）：53-57.
[47] 张培训，陈夫进. 塑料模具材料的选用及发展概况 [J]. 热加工工艺，2010，39（008）：56-58.
[48] 肖芸. 塑料模具的失效原因和选材之道 [C]. 模具钢学术会议，2013.
[49] 倪亚辉，丁义超. 常用塑料模具钢的发展现状及应用 [J]. 塑料工业，2008（9）：5-8.
[50] 董加坤，陆靖. 国外典型塑料模具钢种类和特性的概述 [J]. 模具技术，2009（006）：50-55.
[51] 许志刚，叶林凤. 目前国内外主流塑料模具钢浅析 [J]. 模具制造，2010（11）：85-88.
[52] 张红英，阳益贵. 塑料模具钢材料的应用及发展 [J]. 模具技术，2010（2）：80-82.
[53] 周健，贺金华. 选择塑料模具钢的问题探讨 [J]. 模具技术，2001.
[54] 鲁思渊，陈蕴博，王淼辉，等. 塑料模具钢使用现状及研究进展 [C]. 华北地区第二十届热处理技术交流会.
[55] 宋鸣，倪亚辉. 塑料模具钢的性能和选用 [J]. 塑料工业，2004，032（010）：37-40.
[56] 翁松林. 塑料模具钢的性能和选用探讨 [J]. 华章，2013，000（019）：355.
[57] 孙桂良，赵昌盛. 塑料模具钢的选择及应用 [J]. 模具制造，2008（05）：80-84.
[58] 张文玉，刘先兰. 塑料模具专用钢的选择与应用 [J]. 模具工业，2008（01）：62-67.
[59] 罗毅，吴晓春. 预硬型塑料模具钢的研究进展 [J]. 金属热处理，2007，32（12）：22-25.
[60] 屈超，何风，周林军，等. 塑料模具失效与对策研究 [J]. 四川职业技术学院学报，2015，25（4）：153-155.
[61] 袁柳杰. 塑料模具失效机理及熔覆再制造技术研究 [D]. 广西工学院，2012.
[62] 李万虎. 塑料模具的失效形式及其修复技术研究 [J]. 科学与财富，2015，7（13）：315.
[63] 常明，张庆茂，廖健宏，等. 塑料模具精密修复技术的评述及展望 [J]. 金属热处理，2006（07）：1-5.
[64] 常明，张庆茂，廖健宏. 塑料模具激光精密修复技术的研究 [C]. 全国激光加工学术会议，2006.
[65] 叶宏，詹捷，孙智富. 塑料模具电刷镀修复研究 [J]. 表面技术，2004（03）：25-26.
[66] 张德强，程杰，李金华，等. 注塑模具磨破损区域激光修复技术研究 [J]. 机械设计与制造，2014（8）：257-259.
[67] 许妮君，刘常升，商硕，等. 脉冲激光熔覆高速钢粉末涂层的微结构与裂纹抑制 [J]. 东北大学学报（自然科学版），2012，033（008）：1133-1136.